· 网络空间安全技术丛书 ·

动手学差分隐私

[美] 约瑟夫·P.尼尔 (Joseph P. Near)　　著
　　 希肯·亚比雅 (Chiké Abuah)

刘巍然　李双　译

PROGRAMMING
DIFFERENTIAL
PRIVACY

机械工业出版社
CHINA MACHINE PRESS

本书是一本面向程序员的差分隐私书籍，主要介绍数据隐私保护领域所面临的挑战，以及为解决这些挑战而提出的技术，并帮助读者理解如何实现这些技术。本书前几章主要介绍去标识、聚合、k-匿名性等无法抵御复杂隐私攻击的常用隐私技术。随后，本书通过差分隐私技术、差分隐私的性质、敏感度、近似差分隐私、局部敏感度、差分隐私变体、指数机制、稀疏向量技术、本地差分隐私和合成数据等内容，详细介绍差分隐私如何从数学和技术角度提供隐私保护能力。

北京市版权局著作权合同登记 图字：01-2023-2680 号。

图书在版编目（CIP）数据

动手学差分隐私 /（美）约瑟夫·P. 尼尔（Joseph P. Near），（美）希肯·亚比雅著；刘巍然，李双译. —北京：机械工业出版社，2023.11（网络空间安全技术丛书）

书名原文：Programming Differential Privacy

ISBN 978-7-111-74131-2

Ⅰ．①动… Ⅱ．①约… ②希… ③刘… ④李… Ⅲ．①隐私权－数据采掘－数据保护－研究 Ⅳ．① TP311.131

中国国家版本馆 CIP 数据核字（2023）第 201973 号

机械工业出版社（北京市百万庄大街 22 号 邮政编码 100037）
策划编辑：曲 熠 责任编辑：曲 熠
责任校对：王乐廷 薄萌钰 韩雪清 责任印制：常天培
北京铭成印刷有限公司印刷
2024 年 1 月第 1 版第 1 次印刷
186mm × 240mm · 9 印张 · 137 千字
标准书号：ISBN 978-7-111-74131-2
定价：79.00 元

电话服务 网络服务

客服电话：010-88361066 机 工 官 网：www.cmpbook.com
　　　　　010-88379833 机 工 官 博：weibo.com/cmp1952
　　　　　010-68326294 金 书 网：www.golden-book.com
封底无防伪标均为盗版 机工教育服务网：www.cmpedu.com

译 者 序

能将 Joseph P. Near 和 Chiké Abuah 所著的 *Programming Differential Privacy* 的中文译本呈现给国内读者，我们感到非常荣幸。作为隐私增强技术领域的关键解决方案，差分隐私的实际应用依赖较为严格的数学证明，这成为差分隐私在普及和应用时所面临的主要困难和挑战。我们很高兴能够为读者提供这样一本面向程序员的差分隐私指南，帮助更多读者轻松入门差分隐私。

我们将书名译为《动手学差分隐私》，体现出这是一本可通过执行代码和实际操作学习差分隐私的书籍。本书涵盖差分隐私的大部分应用场景，作者对理论算法进行了拆解，结合大量的实例提供具体实现，更加生动地解释生涩抽象的理论。理论介绍加案例代码实现的讲解模式，可帮助读者更直观地理解差分隐私。只需要掌握 Python 代码的基本语法，以及 Pandas、NumPy 等提供的简单数据处理函数，就可以轻松理解差分隐私技术的实现逻辑。我们相信，本书不仅可以作为读者入门差分隐私的敲门砖，也能够激发读者的兴趣，让更多人参与到差分隐私的研究和应用中，用这一前沿技术为数据提供隐私保护。

这本书不仅是一本全面和系统的差分隐私入门指南，也是我们学习差分隐私的过程记录。为保证翻译的准确性与严谨性，我们在翻译过程中进一步深入研究差分隐私原理、技术和相关的数学概念，通过逐字逐句地阅读原文来理解作者的意图，并尽量通过译文将其准确地传达给读者。基于对原文的理解，我们对部分描述进行了调整，以尽可能保留原文的易读性和趣味性。我们在翻译过程中也发现了原文中的一些错误，并如实反馈给作者。他们对我们的反馈给予了高度肯定，并修改了原著。

在此，我们对所有支持和帮助我们完成翻译的人表示衷心的感谢。在翻译过程中，我们得到了两位作者充分的支持和帮助。特别感谢 Joseph P. Near 教授，他即时解答了我们在翻译过程中发现和遇到的问题，尽可能减小了我们对相应内容的理解误差。感谢机械工业出版社编辑团队的支持和指导，使本书能够顺利出版。本书的翻译工作得到了国家社科基金重大项目（编号：22&ZD147）和移动应用创新与治理技术工业和信息化部重点实验室开放基金项目（编号：2022IFS080611-K）的支持。

限于我们的水平，书中表达难免有不妥之处，恳请各位读者批评指正。希望您在阅读过程中能够获得愉快和有益的体验，并通过这本书获得知识和启发，将差分隐私应用于实际工作和项目中。同时，也希望这本书能够推动差分隐私在国内的普及和应用。

刘巍然、李双

2023 年 9 月 11 日

目　　录

第 1 章

引言

这是一本面向程序员的差分隐私书籍。本书旨在介绍数据隐私保护领域所面临的挑战，描述为解决这些挑战而提出的技术，并帮助读者理解如何实现其中的一部分技术。

本书包含很多示例，也包含很多概念的具体实现，这些示例和实现都是用可以实际运行的程序撰写的。每一章都由一个独立的 Jupyter 笔记本（Jupyter Notebook）文件生成。你可以在本书网站 https://programming-dp.com 单击相应章节右上角的"下载"图标并选择".ipynb"，从而下载此章的 Jupyter 笔记本文件，并亲手执行这些示例。章节中的很多示例都是用代码生成的。为了便于阅读，我们将这些代码隐藏了起来。你可以在网站上通过单击示例单元格下方的"点击显示"（Click to show）按钮显示隐藏在背后的代码。

本书假定你可以使用 Python 语言编写和运行程序，并掌握 Pandas 和 NumPy 的一些基本概念。如果你具有离散数学和概率论相关背景知识，那你会更加轻松地理解本书的内容。不必担心，本科课程所教授的离散数学和概率论知识对学习本书来说已经绰绰有余了。

本书英文版已开源，可以从本书网站在线获取本书的最新版本。你可以在 GitHub（https://github.com.uvm-plaid/programming-dp）上获取本书的源代码。如果你找到一处笔误、想要提出一处改进建议或报告一个程序错误，可以在 GitHub 上提交问题。

本书描述的技术是从数据隐私（data privacy）领域的研究中发展得来的。从本书的撰写目的出发，我们将按照下述方式定义数据隐私。

定义

数据隐私技术的目标是允许数据分析方获取隐私数据中蕴含的趋势，但不会泄露特定个体的信息。

这是一个宽泛的数据隐私定义，很多不同的技术都是围绕这个定义提出的。但要特别注意的是，这一定义不包括保证安全性的技术，如加密技术。加密数据不会泄露任何信息，因此加密技术不能满足定义的前半部分要求。我们需要特别注意安全与隐私之间的差异：隐私技术涉及故意发布信息，并试图控制从发布信息中学到什么。安全技术通常会阻止信息的泄露，并控制数据可以被谁访问。本书主要涵盖的是隐私技术。只有当安全对隐私有重要影响时，我们才会讨论相应的安全技术。

本书主要聚焦于差分隐私（differential privacy）。我们将在前几章概述本书聚焦差分隐私的部分原因：差分隐私（及其变体）是我们已知的唯一能从数学角度提供可证明隐私保护能力的方法。去标识化、聚合等技术是人们这十几年来常用的隐私技术。这些技术近期已被证明无法抵御复杂的隐私攻击。如 k- 匿名性等更先进的隐私技术也无法抵御特定的攻击。因此，差分隐私正迅速成为隐私保护的黄金标准，这也是本书重点介绍的隐私技术。

第 2 章

去标识

去标识（de-identification）是指从数据集中删除标识信息的过程。有时会将去标识这一术语与匿名（anonymization）和假名（pseudonymization）这两个术语看作同义词，表达相同的概念。

学习目标

阅读本章后，你将能够：

- 定义并理解下述概念。

  - 去标识。

  - 重标识。

  - 标识信息 / 个人标识信息。

  - 关联攻击。

  - 聚合与聚合统计。

  - 差分攻击。

- 实施一次关联攻击。

- 实施一次差分攻击。

- 理解去标识技术的局限性。

- 理解聚合统计的局限性。

我们尚不能严谨地定义什么是标识信息。通常将标识信息理解为在日常生活中可以唯一标识我们自己的信息。从这个理解角度看，姓名、地址、电话号码、电子邮箱等都属于标识信息。稍后将会了解到，不可能为标识信息给出严谨的定义，因为所有信息都可以用来标识个体。一般来说，个人标识信息（Personally Identifiable Information，PII）和标识信息这两个术语是同义词，表达相同的概念。

如何才能对信息去标识？很简单，直接移除包含标识信息的列就可以了。

```
adult_data = adult.copy().drop(columns=['Name', 'SSN'])
adult_pii = adult[['Name', 'SSN', 'DOB', 'Zip']]
adult_data.head(1)
```

```
        DOB    Zip  Age   Workclass  fnlwgt  Education  Education-Num  \
0  9/7/1967  64152   39   State-gov   77516  Bachelors             13


   Marital Status    Occupation    Relationship   Race   Sex  Capital Gain  \
0   Never-married  Adm-clerical  Not-in-family  White  Male          2174


   Capital Loss  Hours per week         Country  Target
0             0              40   United-States   <=50K
```

我们将数据中一部分个体的标识信息保留下来，随后将把这些保留的标识信息作为辅助数据（auxiliary data）来实施一次重标识（re-identification）攻击。

2.1　关联攻击

假设我们想从刚刚得到的去标识数据中获取某个朋友的收入信息。去标识数据中的姓名一列已经被移除了，但我们碰巧知道能帮助标识出这位朋友的一些辅助数据。我们的这位朋友叫 Karrie Trusslove，我们知道 Karrie 的出生日期和邮政编码。

我们尝试攻击的数据集与我们知道的一些辅助信息之间存在一些重叠列，可以应用这些重叠列来实施一次简单的关联攻击（linkage attack）。在本例中，两个数据集都包含出生日期和邮政编码列。我们在尝试攻击的数据集中查找出与 Karrie 的出生日期和邮政编码匹配的行。数据库领域将此类匹配操作称为关联（join）两个数据表。我们可以使用 Pandas 的 merge 函数实现此操作。如果只能检索到唯一一行数据，我们就从尝试攻击的数据集中找到了 Karrie 所属的行。

```
karries_row = adult_pii[adult_pii['Name'] == 'Karrie Trusslove']
pd.merge(karries_row, adult_data, left_on=['DOB', 'Zip'], right_
on=['DOB', 'Zip'])
```

```
              Name         SSN       DOB    Zip  Age  Workclass  fnlwgt  \
0  Karrie Trusslove  732-14-6110  9/7/1967  64152   39  State-gov   77516

   Education  Education-Num  Marital Status     Occupation    Relationship  \
0  Bachelors             13   Never-married  Adm-clerical  Not-in-family

    Race   Sex  Capital Gain  Capital Loss  Hours per week        Country  \
0  White  Male          2174             0              40  United-States

   Target
0  <=50K
```

我们确实只找到了一行匹配的数据。通过使用辅助数据，可以在去标识数据集中重标识出一个个体。我们可以根据重标识攻击结果进一步推断出 Karrie 的收入小于 5 万美元。

2.1.1 重标识出 Karrie 有多难

这是一个虚构的攻击场景，但在实际场景中实施关联攻击的难度也是出乎意料的低。有多低？事实证明，在绝大多数情况下，只需要一个数据点作为辅助信息就足以重标识出一行数据。

```
pd.merge(karries_row, adult_data, left_on=['Zip'], right_on=['Zip'])
```

```
              Name         SSN      DOB_x    Zip      DOB_y  Age  Workclass  \
0  Karrie Trusslove  732-14-6110  9/7/1967  64152  9/7/1967   39  State-gov

   fnlwgt  Education  Education-Num  Marital Status     Occupation  \
0   77516  Bachelors             13   Never-married  Adm-clerical
```

```
          Relationship   Race   Sex  Capital Gain  Capital Loss  Hours per week  \
0       Not-in-family   White  Male          2174             0              40

              Country  Target
0       United-States  <=50K
```

邮政编码**本身**就足以让我们重标识出 Karrie 了。那出生日期呢？

```
pd.merge(karries_row, adult_data, left_on=['DOB'], right_on=['DOB'])
```

```
               Name           SSN       DOB  Zip_x  Zip_y  Age  \
0   Karrie Trusslove  732-14-6110  9/7/1967  64152  64152   39
1   Karrie Trusslove  732-14-6110  9/7/1967  64152  67306   64
2   Karrie Trusslove  732-14-6110  9/7/1967  64152  62254   46


             Workclass  fnlwgt  Education  Education-Num     Marital Status  \
0            State-gov   77516  Bachelors            13      Never-married
1              Private  171373       11th             7            Widowed
2   Self-emp-not-inc   119944    Masters            14  Married-civ-spouse


         Occupation   Relationship   Race     Sex  Capital Gain  Capital Loss  \
0       Adm-clerical  Not-in-family  White    Male          2174             0
1    Farming-fishing      Unmarried  White  Female             0             0
2   Exec-managerial        Husband  White    Male             0             0


    Hours per week        Country  Target
0              40  United-States   <=50K
1              40  United-States   <=50K
2              50  United-States    >50K
```

这一次返回了三行数据。我们不知道哪一行才是 Karrie 的数据。即便如此，我们仍然得到了很多信息。

- 我们知道 Karrie 的收入低于 5 万美元的概率是 2/3。
- 可以观察各行之间的差异，以确定哪些额外的辅助数据可以帮助我们进一步区分各行数据所属的个体。在本例中，性别、职业、婚姻状况都可以帮助我们进一步重标识出 Karrie。

2.1.2 Karrie 很特别吗

在数据集中重标识出其他个体的难度有多大？重标识出 Karrie 这一特定的个体相对更难还是相对更简单？衡量此类攻击的有效性的一个好方法是查看特定数据是否有较好的"筛选效果"：特定数据能否帮助我们更好地缩小目标个体所属行的范围。举个例子，数据集中拥有相同出生日期的人数多吗？

在执行攻击前，我们可以先评估一下出生日期这一辅助数据会给我们带来多大的帮助。为此，我们可以查看数据集中包含"唯一"出生日期的个体数量。图 2-1 的直方图显示，绝大多数出生日期在数据集中仅出现了 1 次、2 次或 3 次，有 8 个个体的出生日期信息是缺失的。这意味着出生日期的筛选效果相当不错。出生日期可以有效缩小个体所属行的范围。

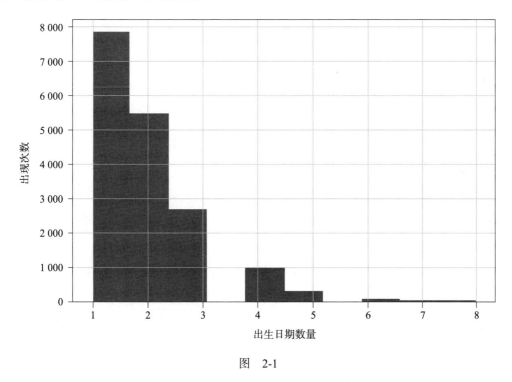

图 2-1

我们可以利用相同的方法衡量邮政编码的筛选效果。这次的结果变得更夸张了：邮政编码在此数据集中的筛选效果非常好。几乎所有的邮政编码在此数据集中都只出现了一次（见图 2-2）。

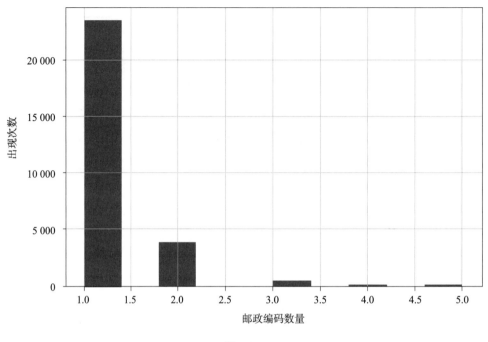

图　2-2

2.1.3　可以重标识出多少个个体

我们可以在此数据集中重标识出多少个个体？可以使用辅助信息来找到这个问题的答案。首先，看看只知道出生日期会发生什么。我们想知道辅助数据中的每个出生日期能帮助我们重标识出数据集中多少可能的身份。图 2-3 的直方图显示了每个可能的身份的数量。在大约 32 000 行数据中，我们可以唯一标识出近 7 000 行数据，并将约 10 000 行数据缩小至两个可能的身份。

因此，仅通过出生日期来重标识大多数个体是不太可行的。如果我们收集更多的信息，进一步缩小范围呢？如果同时使用出生日期和邮政编码作为辅助数据，则重标识效果会变得更好（见图 2-4）。实际上，我们基本能够对数据集中的全部数据成功实施重标识攻击。

当我们同时使用两部分信息实施重标识攻击时，可以重标识出**所有的个体**。这是一个非常令人惊讶的实验结果，因为我们通常认为很多人的出生日期都相同，而很多人居住地所属的邮政编码也会相同。事实证明，组合使用这些信息会得到**非常好**的筛选效果。Latanya Sweeney 的研究结果（见 [1]）表明，组合使用出生日期、性别、邮政编码，可以唯一重标识出 87% 的美国公民。

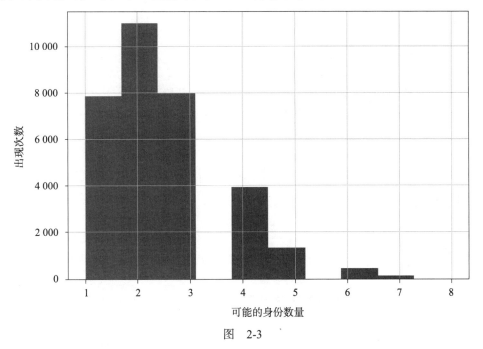

图 2-3

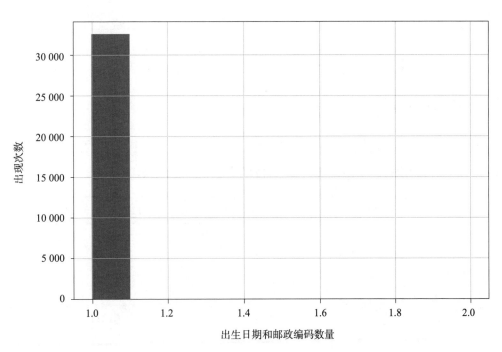

图 2-4

下面来验证一下是否真的能重标识出所有的个体。我们输出每个身份可能关联的数据记录数量。

```
Antonin Chittem       2
Barnabe Haime         2
Isabelle Stirton      1
Charmane Edler        1
Eadith Trembath       1
Name:
```

看来有两个个体抵御了重标识攻击。换句话说，在这个数据集中，只有**两个个体**同时拥有相同的邮政编码和出生日期。

2.2　聚合

另一种防止隐私信息泄露的方法是只发布聚合（aggregate）数据，例如只发布数据集的平均年龄。

```
adult['Age'].mean()
```

```
38.58164675532078
```

2.2.1　小分组问题

在很多情况下，我们需要将数据分组，并分别给出各个分组的聚合统计结果。举例来说，我们可能想知道取得不同学位的个体的平均年龄。

```
adult[['Education-Num', 'Age']].groupby('Education-Num').mean().head(3)
```

```
                   Age
Education-Num
1            42.764706
2            46.142857
3            42.885886
```

一般认为，对数据进行聚合处理可以提升数据的隐私保护效果，因为很难识别出特定个体对聚合统计结果所带来的影响。但如果某个分组只包含一个个体呢？在这种情况下，聚合统计结果将准确泄露此个体的年龄，无法提供任何隐私保护。在我们的数据集中，大多数个体的邮政编码是唯一的。因此，如果我们计算不同邮政编码所属个体的平均年龄，则大多数"平均值"将直接泄露单一个体的年龄。

```
adult[['Zip', 'Age']].groupby('Zip').mean().head()
```

```
       Age
Zip
4      55.0
12     24.0
16     59.0
17     42.0
18     24.0
```

例如，美国人口普查局以街区为粒度（见 https://www.census.gov/newsroom/blogs/random-samplings/2011/07/what-are-census-blocks.html）发布聚合统计数据。有些人口普查区的人口众多，但有些人口普查区的人口为 0。事实证明，聚合统计结果无法隐藏小分组的个体信息的情况相当普遍。

分组要达到多大，聚合统计结果才能隐藏个体信息？这个问题很难回答，因为只有知道数据本身和具体的攻击方法时，才能回答这个问题。因此，很难确信聚合统计结果真的能达到隐私保护的目的。然而，我们接下来将会看到，即使分组足够大，也可以实施相应的攻击，从聚合结果中获得个体信息。

2.2.2　差分攻击

当对相同的数据发布多个聚合统计结果时，隐私泄露问题会变得很棘手。例如，考虑对数据集中某个大分组执行两次求和问询（第一次是对整个数据集进行问询，第二次是对除一条记录外的所有记录进行问询）：

```
adult['Age'].sum()
```

```
1256257
```

```
adult[adult['Name'] != 'Karrie Trusslove']['Age'].sum()
```

```
1256218
```

如果我们得到了这两个问题的回答，可以简单地对结果做减法，从而准确获得 Karrie 的年龄。即使在非常大的分组下发布聚合统计结果，我们仍然可以实施这一攻击。

```
adult['Age'].sum() - adult[adult['Name'] != 'Karrie Trusslove']['Age'].
sum()
```

```
39
```

下述问题将在本书中反复出现。

- 发布可用性很高的数据会提高隐私保护的难度。
- 很难区分恶意和非恶意问询。

2.3 总结

- 关联攻击指的是组合使用辅助数据和去标识数据来重标识个体。
- 实施关联攻击最简单的方法是将数据集中的两个数据表关联起来。
- 即使实施简单的关联攻击，攻击效果也非常显著。
  - 只需要一个辅助数据点，就足以把攻击范围缩小到几条记录。
  - 缩小后的记录可以进一步显示出哪些额外的辅助数据有助于进一步实施攻击。
  - 对于一个特定的数据集，两个数据点一般足以重标识出绝大多数个体。
  - 三个数据点（性别、邮政编码、出生日期）可以唯一重标识出 87% 的美国公民。

第 3 章

k- 匿名性

k- 匿名性（见 [2]）是一个用数学语言描述的隐私定义。k- 匿名性的定义从理论角度描述了我们的直观想法：一部分辅助数据不应该"过多地"缩小个体所属记录的可能范围。换句话说，k- 匿名性的目的是保证每个个体都能"融入人群"。

学习目标

阅读本章后，你将能够：

- 理解 k- 匿名性的定义。
- 理解如何验证数据集满足 k- 匿名性。
- 理解如何泛化数据集，使数据集满足 k- 匿名性。
- 理解 k- 匿名性的局限性。

把数据集按照数据集各列中的特定子集分组，即按照准标识（quasi-identifier）分组，使每个分组中的个体都拥有相同的准标识。如果数据集中的每个个体所属分组的大小都至少为 k，则我们称此数据集满足 k- 匿名性。此时，每个个体都"融入"了其所在的分组中。这样一来，虽然攻击者仍然可以将攻击范围缩小至特定的分组中，但攻击者无法进一步确定分组中的哪个个体才是攻击目标。

定义

用数学语言描述此概念,对于特定的 k,如果对于任意记录 $r_1 \in D$,存在至少 $k-1$ 条其他的记录 $r_2, \cdots, r_k \in D$,使得 $\prod_{qi(D)} r_1 = \prod_{qi(D)} r_2, \cdots, \prod_{qi(D)} r_1 = \prod_{qi(D)} r_k$,其中 $qi(D)$ 是 D 的准标识,$\prod_{qi(D)} r$ 表示包含准标识的列 r(即准标识的投影),则称数据集 D 满足 k-匿名性。

3.1 验证 k-匿名性

我们先从一个小数据集开始。我们可以直接查看小数据集所包含的数据,从而直观地判断出此数据集是否满足 k-匿名性。这个数据集包含年龄列和两个考试分数列。很明显,对于任意 $k > 1$,此数据集都不满足 k-匿名性。任何数据集都天然满足 $k = 1$ 的 k-匿名性,因为任意记录自身都可以构成一个大小为 1 的分组。

	age	preTestScore	postTestScore
0	42	4	25
1	52	24	94
2	36	31	57
3	24	2	62
4	73	3	70

我们想要实现一个验证数据帧是否满足 k-匿名性的函数。为此,我们循环检查每一行数据,查看数据帧中有多少行数据与当前数据的准标识相匹配。如果有任何一个分组所包含记录的数量小于 k,就意味着数据帧不满足 k-匿名性,我们返回 `False`。需要注意的是,在这个简单的例子中,我们把所有列都定义为准标识。我们只需要将 `df.columns` 替换为子列,就可以只把某些列作为准标识了。

```python
def isKAnonymized(df, k):
    for index, row in df.iterrows():
        query = ' & '.join([f'{col} == {row[col]}' for col in
df.columns])
```

```
        rows = df.query(query)
        if rows.shape[0] < k:
            return False
    return True
```

验证结果满足预期，我们的示例数据帧在 $k=2$ 时不满足 k- 匿名性，但此数据帧满足 $k=1$ 的 k- 匿名性。

```
isKAnonymized(df, 1)
```

```
True
```

```
isKAnonymized(df, 2)
```

```
False
```

3.2 泛化数据以满足 k- 匿名性

一般通过泛化（generalization）数据的方式对数据集进行修改，使其满足特定取值 k 下的 k- 匿名性。泛化指的是将数据修改为不那么特殊的数据，使其更可能与数据集中其他个体的数据相匹配。举例来说，精确到个位的年龄可以通过四舍五入的方式泛化为精确到十位，可以通过将邮政编码最右侧的数字替换为 0 来泛化邮政编码。很容易对数值型数据进行泛化处理。这里使用数据帧的 apply 函数完成数值型数据的泛化处理。向 apply 函数中输入名为 depths 的查找表，查找表中存储每一列要用 0 替换多少位数字。通过这种方式，我们可以灵活地对不同的列进行不同级别的泛化处理。

```
def generalize(df, depths):
    return df.apply(lambda x: x.apply(lambda y: int(int(y/(10**depths[x.
name]))*(10**depths[x.name])))))
```

现在，我们可以对示例数据帧进行泛化处理了。首先，我们尝试对每一列数据进行

"一层"泛化，即四舍五入到十位。

```
depths = {
    'age': 1,
    'preTestScore': 1,
    'postTestScore': 1
}
df2 = generalize(df, depths)
df2
```

	age	preTestScore	postTestScore
0	40	0	20
1	50	20	90
2	30	30	50
3	20	0	60
4	70	0	70

注意，即使经过了泛化，我们的示例数据仍然无法满足 $k=2$ 的 k- 匿名性。

```
isKAnonymized(df2, 2)
```

```
False
```

我们可以尝试进一步泛化数据，但最终将会删除所有数据。

```
depths = {
    'age': 2,
    'preTestScore': 2,
    'postTestScore': 2
}
generalize(df, depths)
```

	age	preTestScore	postTestScore
0	0	0	0
1	0	0	0
2	0	0	0
3	0	0	0
4	0	0	0

这个示例演示了满足 *k-* 匿名性最关键的一个挑战。

挑战

通常需要从数据中移除相当多的信息，才能使数据集满足合理 *k* 取值下的 *k-* 匿名性。

3.3 引入更多的数据可以减小泛化的影响吗

我们的示例数据集太小了。这个数据集中只包含 5 个个体，很难构建包含 2 个或更多具有相同属性的个体分组，因此很难让这样的数据集满足 *k-* 匿名性。解决这个问题的方法是引入更多的数据，在拥有更多个体的数据集中，通常需要更少的泛化处理即可使数据集满足所需 *k* 取值下的 *k-* 匿名性。

让我们来试试第 2 章中的人口普查数据。这个数据集包含超过 32 000 行数据，因此应该更容易满足 *k-* 匿名性。

我们把每个个体的邮政编码、年龄、受教育年数作为准标识。我们只考虑对这三个列进行泛化处理，尝试实现 $k=2$ 的 *k-* 匿名性。此数据集已经先天满足 $k=1$ 的 *k-* 匿名性了。

请注意，我们验证数据集中的前 100 行数据是否满足 *k-* 匿名性。如果尝试在更大子集的数据下执行 isKAnonymized 函数，会发现验证过程需要花费很长一段时间（例如，在我的计算机上验证 5 000 行数据是否满足 $k=1$ 的 *k-* 匿名性，大约需要花费 20 秒）。当 $k=2$ 时，我们的算法很快就找到了不满足要求的行，快速完成了验证。

```
df = adult_data[['Age', 'Education-Num']]
df.columns = ['age', 'edu']
isKAnonymized(df.head(100), 1)
```

```
True
```

```
isKAnonymized(df.head(100), 2)
```

```
False
```

现在，我们尝试泛化数据，使数据集满足 $k=2$ 的 k-匿名性。我们首先将年龄和受教育年数泛化到十位。

```
# 异常值是一个问题
depths = {
    'age': 1,
    'edu': 1
}
df2 = generalize(df.head(1000), depths)
isKAnonymized(df2, 2)
```

```
False
```

泛化结果仍然无法满足 $k=2$ 的 k-匿名性。事实上，即使对所有 32 000 行数据都进行类似的泛化处理，泛化结果依然无法满足 $k=2$ 的 k-匿名性。因此，引入更多数据并不一定会像我们期待的那样降低满足 k-匿名性的难度。

出现这一问题的根本原因是数据集中包含异常值（outlier），即包含一些与其他个体差异非常大的个体。即使经过了泛化处理，也很难使这些异常个体融入任何分组中。即使只考虑年龄，我们也可以看到添加更多的数据不太可能有帮助，因为非常低和非常高的年龄在数据集中过于稀少，见图 3-1。

当数据集中包含异常值时，实现满足 k-匿名性的最优泛化方法是一个非常有挑战性的任务。进一步泛化每一行数据会过分泛化年龄在 20～40 范围内的数据，从而损害结果数据的可用性。然而，为了满足 k-匿名性，显然还需要对年龄进行进一步泛化，更大地放宽年龄取值的上下界。这是实际使用 k-匿名性时人们经常需要面对的一种挑战，很难通过自动化的方式解决。实际上，实现满足 k-匿名性的最优泛化方法已经被证明是一个 NP-困难问题。

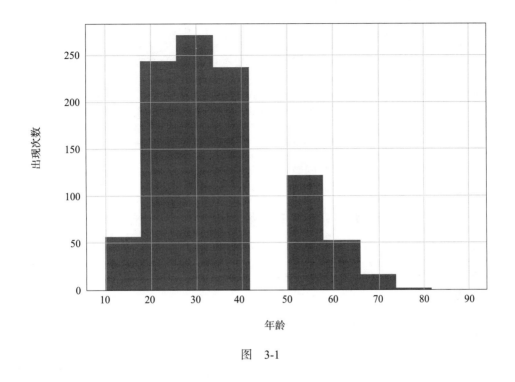

图　3-1

挑战

异常值使得实现 k- 匿名性变得非常具有挑战性，即使对于较大的数据集也是如此。实现满足 k- 匿名性的最优泛化方法是一个 NP- 困难问题。

3.4　移除异常值

异常值问题的一个简单解决方案是将数据集中每个个体的年龄限制在一个特定的范围内，从而完全消除数据集中的异常值。这种方法也会损害数据的可用性，因为这种方法需要用假的年龄值替代真实的年龄值，但这比泛化每一行数据要好得多。我们可以使用 Numpy 的 clip 函数来实施这一解决方案。通过 clip 函数，我们将所有年龄取值都限制在 60 岁及以下，且不再考虑受教育年数这一列数据（方法是通过 clip 函数把所有受教育年数值都替换成一个非常大的值）。

```
# 裁剪异常值
depths = {
    'age': 1,
    'edu': 1
}
dfp = df.clip(upper=np.array([60, 10000000000000]), axis='columns')
df2 = generalize(dfp.head(500), depths)
isKAnonymized(df2, 7)
```

```
True
```

现在，我们就成功将数据集泛化到满足 $k=7$ 的 k- 匿名性了。换句话说，我们终于把数据集泛化到了合适的程度。在这一过程中，异常值为满足 k- 匿名性带来了相当多的障碍，甚至使我们很难将数据泛化到满足 $k=2$ 的 k- 匿名性。

3.5 总结

- k- 匿名性是数据集所满足的一种性质，此性质要求每个个体都"融入"至少包含 k 个人的一个分组中。
- 检查数据集是否满足 k- 匿名性的计算开销是很大的，朴素算法的计算复杂度是 $O(n^2)$，更快的算法需要占用相当大的存储空间。
- 可以通过泛化使数据集满足 k- 匿名性，泛化是指修改数据集中的数据，将特定的取值替换为更一般的取值，使数据更容易形成分组。
- 实现最优泛化方法是极其困难的，异常值的存在使得泛化变得更具有挑战性。实现满足 k- 匿名性的最优泛化方法是一个 NP- 困难问题。

第 4 章

差分隐私

学习目标

阅读本章后，你将能够：

- 定义差分隐私。
- 解释 ϵ 这一重要的隐私参数。
- 应用拉普拉斯机制实现满足差分隐私的计数问询。

与 k-匿名性类似，差分隐私（differential privacy，见 [3，4]）也是一个用数学语言描述的隐私定义（即可以用数学方法证明发布数据满足此性质）。然而，与 k-匿名性不同，差分隐私不是数据所具有的属性，而是算法所具有的属性。也就是说，我们可以证明一个算法满足差分隐私。如果想证明一个数据集满足差分隐私，我们需要证明的是产生此数据集的算法满足差分隐私。

定义

一般将满足差分隐私的函数称为机制（mechanism）。如果对于所有邻近数据集（neighboring dataset）x 和 x'，以及所有可能的输出 S，机制 F 均满足

$$\frac{\Pr[F(x)=S]}{\Pr[F(x')=S]} \leqslant e^{\epsilon} \tag{4.1}$$

则称机制 F 满足差分隐私。

如果两个数据集中只有一个个体的数据项不同，则认为这两个数据集是邻近数据集。请注意，F 一般是一个随机函数。也就是说，即使给定相同的输入，F 一般也包含多个可能的输出。因此，F 输出的概率分布一般不是点分布。

这个定义所蕴含的一个重要含义是，无论输入是否包含任意特定个体的数据，F 的输出总是几乎相同的。换句话说，F 所引入的随机性应该足够大，使得观察 F 的输出无法判断输入是 x 还是 x'。假设我的数据在 x 中，但不在 x' 中。如果攻击者无法确定 F 的输入是 x 还是 x'，则攻击者甚至无法判断输入是否包含我的数据，更不用说判断出我的数据是什么了。

一般将差分隐私定义中的参数 ϵ 称为隐私参数（privacy parameter）或隐私预算（privacy budget）。ϵ 提供了一个旋钮，用来调整差分隐私定义所能提供的"隐私量"。ϵ 较小时，意味着 F 需要为相似的输入提供非常相似的输出，因此提供更高等级的隐私性。较大的 ϵ 允许 F 给出不那么相似的输出，因此提供更少的隐私性。

我们在实际中应该如何设置 ϵ，差分隐私才能提供足够的隐私性呢？没人知道这个问题的答案。一般的共识是将 ϵ 设置为约等于 1 或者更小的值，大于 10 的 ϵ 取值意味着大概率无法提供足够的隐私性。但实际上，这个经验法则下的 ϵ 取值过于保守了。我们后续将会进一步展开讨论这个问题。

4.1 拉普拉斯机制

差分隐私一般用于回复特定的问询。我们来考虑一个针对人口普查数据的问询。我们首先不使用差分隐私。

"数据集中有多少个体的年龄大于等于 40 岁？"

```
adult[adult['Age']>=40].shape[0]
```

```
14237
```

使这个问询满足差分隐私的最简单方法是在回复结果上增加随机噪声。这里的关键挑战是既需要增加足够大的噪声，使问询满足差分隐私，但噪声又不能加得太多，否则问询结果就无意义了。为了简化这一过程，差分隐私领域的学者提出了一些基础机制。这些基础机制具体描述了应该增加何种类型的噪声，以及噪声量应该有多大。最典型的基础机制是拉普拉斯机制（laplace mechanism，见 [4]）。

定义

根据拉普拉斯机制，对于可以输出一个数值型结果的函数 $f(x)$，按下述方法定义的 $F(x)$ 满足 ϵ- 差分隐私：

$$F(x) = f(x) + \text{Lap}\left(\frac{s}{\epsilon}\right) \tag{4.2}$$

其中 s 是 f 的敏感度（sensitivity），Lap(S) 表示以均值为 0、放缩系数为 S 的拉普拉斯分布采样。

函数 f 的敏感度是指当输入由数据集 x 变化为邻近数据集 x' 后，f 的输出变化量。计算函数 f 的敏感度是一个非常复杂的问题，也是设计差分隐私算法时面临的核心问题，我们稍后会更进一步展开讨论。现在只需要指出，计数问询（counting query）的敏感度总为 1：当问询数据集中满足特定属性的数据量时，如果我们只修改数据集中的一个数据项，则问询的输出变化量最多为 1。

因此，我们可以根据所选择的 ϵ，在计数问询中使用敏感度等于 1 的拉普拉斯机制，从而使样例问询满足差分隐私。现在，取 $\epsilon = 0.1$。我们可以用 Numpy 的 `random.laplace` 函数实现拉普拉斯分布采样。

```
sensitivity=1
epsilon=0.1

adult[adult['Age']>=40].shape[0]+np.random.
  laplace(loc=0,scale=sensitivity/epsilon)
```

```
14238.272439932305
```

可以试着多次运行此代码，查看噪声对问询结果造成的影响。虽然每次代码的输出结果都会发生变化，但在大多数情况下，输出的结果都与真实结果（14 235）很接近，输出结果的可用性相对较高。

4.2　需要多大的噪声

我们如何知道拉普拉斯机制是否已经增加了足够的噪声，以阻止攻击者对数据集中的个体实施重标识攻击？我们可以先尝试自己实施攻击。我们构造一个恶意的计数问询，专门用于确定 Karrie Trusslove 的收入是否大于 50 000 美元。

```
karries_row=adult[adult['Name']=='Karrie Trusslove']
karries_row[karries_row['Target']=='<=50K'].shape[0]
```

```
1
```

此回复结果给出了 Karrie 所在数据行的收入值，显然侵犯了 Karrie 的隐私。由于我们知道如何应用拉普拉斯机制使计数问询满足差分隐私，我们可以这样回复问询：

```
sensitivity=1
epsilon=0.1

karries_row=adult[adult['Name']=='Karrie Trusslove']
karries_row[karries_row['Target']=='<=50K'].shape[0]+ \
  np.random.laplace(loc=0,scale=sensitivity/epsilon)
```

```
3.6318610474714244
```

真实结果是 0 还是 1 呢？由于增加的噪声比较大，我们已经无法可靠地判断真实结果是什么了。这就是差分隐私要实现的目的：哪怕可以判定出此问询是恶意的，我们也不会拒绝回复问询。相反，我们会增加足够大的噪声，使恶意问询的回复结果对攻击者来说变得毫无用处。

第 5 章

差分隐私的性质

学习目标

阅读本章后，你将能够：

- 解释串行组合性、并行组合性和后处理性的概念。
- 计算应用多种差分隐私机制后的累计隐私消耗量。
- 确定何种情况下可以使用并行组合性。

本章描述了由差分隐私定义引出的三个重要的差分隐私性质。这些性质将帮助我们设计出满足差分隐私的可用算法，并确保这些算法可以输出相对准确的结果。这三个性质是：

- 串行组合性。
- 并行组合性。
- 后处理性。

5.1 串行组合性

差分隐私的第一个重要性质是串行组合性（sequential composition，见 [4，5]）。在相同的输入数据上发布多次差分隐私机制保护下的结果时，串行组合性给出了总隐私消耗量。用数学语言描述，差分隐私串行组合性定理称：如果 $F_1(x)$ 满足 ϵ_1-差分隐私，且 $F_2(x)$ 满足 ϵ_2-差分隐私，则同时发布两个结果的机制 $G(x) = (F_1(x), F_2(x))$ 满足（$\epsilon_1 + \epsilon_2$）-差分隐私。

串行组合性是差分隐私的一个重要特性。我们可以基于串行组合性设计出支持多次问询的差分隐私算法。当在单个数据集上独立执行多次数据分析时，串行组合性同样能起到重要的作用。每个个体可以利用此特性度量出参与所有这些数据分析任务时所产生的总隐私消耗量。由串行组合性得到的隐私消耗量是一个上界。给定两个满足差分隐私的数据发布过程，其实际隐私消耗量可能比串行组合性给出的隐私消耗量小，但不可能大于此隐私消耗量。

给定差分隐私保护下的两次输出，当我们考虑两次输出平均值的分布时，我们就能发现把 ϵ 的值"加起来"的原则是有理有据的。我们来看一些例子。

```python
epsilon1=1
epsilon2=1
epsilon_total=2

# 满足 1- 差分隐私
def F1():
    return np.random.laplace(loc=0,scale=1/epsilon1)

# 满足 1- 差分隐私
def F2():
    return np.random.laplace(loc=0,scale=1/epsilon2)

# 满足 2- 差分隐私
def F3():
    return np.random.laplace(loc=0,scale=1/epsilon_total)

# 根据串行组合性，满足 2- 差分隐私
def F_combined():
    return (F1()+F2())/2
```

我们绘制出 F1 和 F2 的输出概率分布图（见图 5-1）。可以看出，这两个输出概率分布看起来非常相似。

我们绘制出 F1 和 F3 的输出概率分布图（见图 5-2）。可以看出，F3 的输出概率分布看起来比 F1 的更"尖"，这是因为 ϵ 取值越大意味着隐私保护程度越低，因

此输出结果远离真实结果的可能性也就越小。

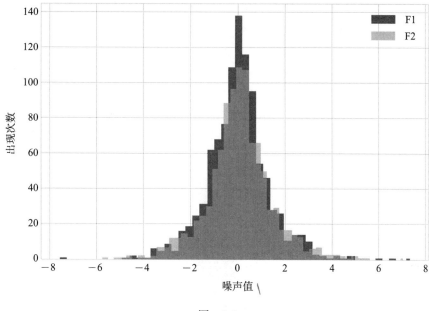

图　5-1

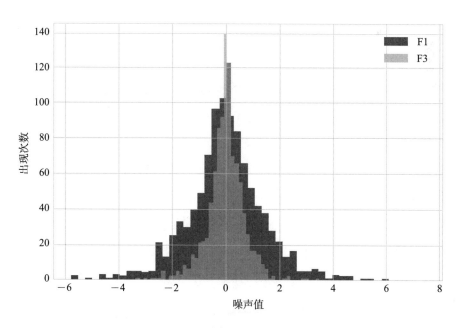

图　5-2

我们再绘制出 F 和 F_combined 的输出概率分布图（见图 5-3）。可以看出，F_combined 的输出概率分布图更尖。这意味着 F_combined 的输出结果比 F1 的输出结果更准确，对应的 ϵ 取值一定更大（即 F_combined 的隐私保护程度比 F1 更低）。

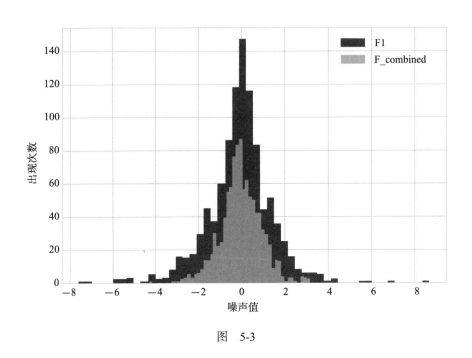

图 5-3

那 F3 和 F_combined 呢？回想一下，这两种机制的 ϵ 取值相等，ϵ 都等于 2。它们的输出概率分布看起来应该也相同才对。

实际上，F3 看起来更"尖"（见图 5-4）。为什么会这样呢？请记住，串行组合性给出了多次发布后总 ϵ 的上界，实际发布的累积隐私消耗量可能会更低一些。这也是 F3 看起来更"尖"，而 F_combined 看起来更"平"的原因，实际隐私消耗量似乎比串行组合性给出的 ϵ 上界要低一些。当控制总隐私消耗量时，串行组合性是一个极为有用的方法。我们后面将会通过各种不同的方式应用串行组合性。但请特别注意，串行组合性给出的隐私消耗量不一定是严格准确的，而是一个上界。

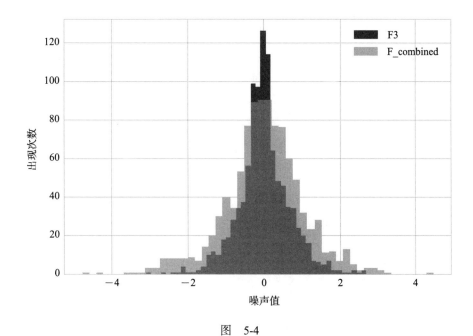

图　5-4

5.2　并行组合性

差分隐私的第二个重要性质为并行组合性（parallel composition，见 [6]）。并行组合性是计算多次数据发布总隐私消耗量的第二种方法，可以看成串行组合性的替代方法。并行组合性的基本思想是将数据集拆分为互不相交的子数据块，在子数据块上分别应用相应的差分隐私机制。由于子数据块互不相交，每个个体的数据"仅可能"出现在一个子数据块中。因此，即使把数据集划分为 k 个子数据块，并在 k 个子数据块上分别应用相同的差分隐私机制（这意味着我们在数据集上应用了 k 次差分隐私机制），我们在每个个体数据上仅使用了一次差分隐私机制。数学语言描述如下：如果 $F(x)$ 满足 ϵ- 差分隐私，我们将数据集 X 切分为 k 个互不相交的子数据块 $x_1 \cup \cdots \cup x_k = X$，则发布所有结果 $F(x_1)$, $\cdots$, $F(x_k)$ 的机制满足 ϵ- 差分隐私。请注意，并行组合性给出的隐私消耗量比串行组合性要好得多。如果我们运行 k 次 F，串行组合性告诉我们这个过程满足 $k\epsilon$- 差分隐私，而并行组合性告诉我们总隐私消耗量仅为 ϵ。

并行组合性的数学定义与我们的直觉相匹配。如果每个个体只为数据集 X 贡献一行数据，则这行数据仅可能出现在 $x_1, \cdots, x_k$ 的一个子数据块中。这意味着 F 只能"看到"一次此个体的数据。因此，将此个体的隐私消耗量设置为 ϵ 是合理的。对于任意一个个体，F 都只能"看到"一次此个体的数据，因此每个个体的隐私消耗量都等于 ϵ。

5.2.1 直方图

直方图（histogram）是数据集的一种分析方法。直方图根据数据的某个属性将数据集划分到各个"桶"中，并统计每个桶所包含的数据行数。举个例子，直方图可以统计数据集中达到特定教育水平的人数。

	Education
HS-grad	10501
Some-college	7291
Bachelors	5355
Masters	1723
Assoc-voc	1382

直方图是差分隐私领域一个非常有趣的实例，因为直方图天生满足并行组合性。直方图的每个"桶"都与数据的某个属性值对应（例如 'Education'=='HS-grad'）。由于单行数据不可能同时拥有两个属性值，因此当通过这种方式定义桶时，可以保证各个桶包含的数据一定是互不相交的。这样一来，直方图满足了并行组合性的应用条件，我们可以应用一个差分隐私机制发布所有桶中数据行数的计数结果，而总隐私消耗量仅为 ϵ。

```
epsilon=1

# 虽然我们发布了多个结果，但此次数据分析的总隐私消耗量为 ϵ = 1
f=lambda x:x+np.random.laplace(loc=0,scale=1/epsilon)
s=adult['Education'].value_counts().apply(f)
s.to_frame().head(5)
```

```
                    Education
HS-grad          10500.887851
Some-college      7290.584140
Bachelors         5353.045780
Masters           1722.577125
Assoc-voc         1381.894143
```

5.2.2　列联表

列联表（contingency table）也被称为交叉列表（cross tabulation），有时也被简称为交叉表（crosstab）。可以把列联表看成一个高维直方图。列联表统计数据集中拥有多个特定属性值的数据量。在进行数据分析时，列联表通常用于展示两个变量之间的关系。例如，我们可能希望看到基于教育水平和性别这两种属性的联合统计结果：

```
pd.crosstab(adult['Education'],adult['Sex']).head(5)
```

```
Sex          Female    Male
Education
10th            295     638
11th            432     743
12th            144     289
1st-4th          46     122
5th-6th          84     249
```

与我们前面已经介绍的直方图一样，数据集中的每个个体同样仅参与了列联表中的一次计数统计。对于任何可以用于构建列联表的属性，任何单行数据都不可能同时拥有此属性的多个属性值。因此，在这里使用并行组合性也是安全的。

```
ct=pd.crosstab(adult['Education'],adult['Sex'])
f=lambda x:x+np.random.laplace(loc=0,scale=1/epsilon)
ct.applymap(f).head(5)
```

```
Sex               Female           Male
Education
10th              296.608209       638.987618
11th              432.150609       742.297459
12th              143.299457       288.317091
1st-4th            44.356713       122.330656
5th-6th            84.115696       250.185429
```

我们也可以为 2 个以上的属性生成相应的列联表。但我们要考虑一下，每次我们增加一个属性后会发生什么——每个计数结果都会变得更小。直观上看，当我们将数据集分割成更多的数据块时，每个数据块包含的数据行数会变得更少，因此所有的计数结果都会变得更小。

真实计数值的缩小将对差分隐私计数结果的准确性造成巨大的影响。我们可以从信号和噪声的角度来进行类比。较大的计数结果表示一个强信号，它不太可能被一个相对较弱的噪声（例如我们前面增加的噪声）所淹没。此时，即使我们增加了噪声，得到的计数结果也有较好的可用性。反之，较小的计数结果表示一个弱信号，信号强度甚至可能接近噪声量。此时，如果再增加噪声，我们就无法从结果中获得任何有用的信息了。

因此，虽然并行组合性看起来为我们提供了部分"免费"的隐私保护能力（在相同隐私消耗量下可以发布更多的结果），但事实并非如此。并行组合性只是沿着不同的方向在准确性和隐私性之间进行权衡。当我们将数据集划分成更多的数据块并发布更多的结果时，每个结果的信号量也会变弱，结果的准确性也会变得更低。

5.3 后处理性

我们在本章要讨论的第三个差分隐私性质称为后处理性（post-processing）。此性质的基本思想非常简单，不可能通过某种方式对差分隐私保护下的数据进行后处理，来降低差分隐私的隐私保护程度。此性质的数学语言描述为：如果 $F(X)$ 满足 ϵ-差分隐私，则对于任意（确定或随机）函数 g，$g(F(X))$ 也满足 ϵ- 差分隐私。

后处理性意味着在差分隐私机制的输出结果上执行任意计算也总是安全的。任意计算均不会降低差分隐私机制所提供的隐私保护程度。特别地，我们甚至可以对计算结果进行后处理，以降低噪声量、改善输出结果（例如，对于不应该返回负数的问询，将负数回复结果替换为零）。事实上，许多复杂的差分隐私算法都会利用后处理性来降低噪声，提高输出结果的准确性。

后处理性的另一个含义是，差分隐私可以抵抗基于辅助数据的隐私攻击方法。例如，函数 g 可能包含关于数据集元素的辅助数据，g 期望利用该信息实施关联攻击。后处理性告诉我们，无论 g 中包含何种辅助数据，此攻击的效果都会被隐私参数 ϵ 所约束。

第6章

敏感度

学习目标

阅读本章后，你将能够：

- 定义敏感度。
- 找到计数问询的敏感度。
- 找到求和问询的敏感度。
- 将均值问询分解为计数问询和求和问询。
- 使用裁剪技术限制求和问询的敏感度上界。

我们在讲解拉普拉斯机制时曾提到，使问询满足差分隐私所需的噪声量取决于问询的敏感度。简单来说，函数的敏感度反映了函数输入发生变化时对应输出的变化程度。回想一下，拉普拉斯机制定义了下述机制 $F(x)$：

$$F(x)=f(x)+\mathrm{Lap}\left(\frac{s}{\epsilon}\right) \tag{6.1}$$

其中 $f(x)$ 是确定性函数（即问询函数），ϵ 是隐私参数，而 s 就是 f 的敏感度。

给定一个将数据集（$\mathcal{D}$）映射为实数的函数 $f: \mathcal{D} \to \mathbb{R}$，$f$ 的全局敏感度（global sensitivity）定义如下：

$$GS(f) = \max_{x,x':d(x,x')\leqslant 1} \left| f(x) - f(x') \right| \qquad (6.2)$$

其中 $d(x, x')$ 表示两个数据集 x 和 x' 之间的距离（distance）。如果两个数据集之间的距离小于等于 1，我们称这两个数据集是邻近集（neighbor）。数据集的距离定义会对隐私定义带来很大的影响。我们稍后将讨论如何度量数据集之间的距离。

全局敏感度的定义告诉我们，对于任意两个邻近数据集 x 和 x'，函数 $f(x)$ 和 $f(x')$ 的输出最多相差 $GS(f)$。此敏感度的定义与具体问询的数据集无关（对于任意两个邻近集 x 和 x' 都成立），因此我们把这一敏感度度量方法称为"全局"敏感度。另一种敏感度度量方法将其中一个数据集固定为被问询的数据集，对应的敏感度称为局部敏感度（local sensitivity）。我们将在稍后的章节中具体讨论局部敏感度。现在，当提到"敏感度"时，我们均指全局敏感度。

6.1 距离

可以用很多不同的方法来度量前面提到的距离 $d(x, x')$。直观来看，如果两个数据集中只有一个个体的数据不一样，则这两个数据集之间的距离应该等于 1（即这两个数据集是邻近集）。很容易在某些场景下用数学语言定义距离度量方法（例如，在美国人口普查场景中，每个个体都只贡献一条自己的数据）。但在另一些场景下（如位置轨迹、社交网络、时序数据等场景），用数学语言定义距离度量方法颇具挑战。

对于按行存储的数据集，通常会把距离定义为有多少行数据值不相同。当每一行仅包含单一个体的数据时，这种距离度量方法一般都是合理的。如果用数学语言描述，这种距离度量方法可以由两个数据集的对称差（symmetric difference）所定义：

$$d(x, x') = |x - x' \cup x' - x| \qquad (6.3)$$

这个特殊定义有几个有趣且重要的含义：

- 如果 x' 是通过向 x 添加一行来构造的，则 $d(x, x') = 1$。
- 如果 x' 是通过从 x 删除一行来构造的，则 $d(x, x') = 1$。

- 如果 x' 是通过在 x 修改一行来构造的，则 $d(x, x')=2$。

换句话说，添加或删除一行数据可以生成邻近数据集，修改一行数据则生成距离为 2 的数据集。

这种对距离的特殊定义通常称为无界差分隐私（unbounded differential privacy）。也有一些其他的距离定义。例如，有界差分隐私（bounded differential privacy）认为修改数据集中的单行数据即可构成邻近数据集。

现在，我们主要采用对称差邻近数据集的数学定义。我们将在稍后的章节中讨论替代定义。

6.2　计算敏感度

我们如何确定特定函数的敏感度呢？对于实数域上的一些简单函数，答案是显而易见的。

- $f(x) = x$ 的全局敏感度是 1，因为 x 变化 1，$f(x)$ 变化为 1。
- $f(x) = x + x$ 的全局敏感度是 2，因为 x 变化 1，$f(x)$ 变化为 2。
- $f(x) = 5 * x$ 的全局敏感度是 5，因为 x 变化 1，$f(x)$ 变化为 5。
- $f(x) = x * x$ 的全局敏感度是无界的，因为 $f(x)$ 的变化取决于 x 的值。

对于将数据集映射到实数的函数，我们都采用类似的分析方法。下面我们将考虑 3 个常见的数据库聚合问询函数——计数问询、求和问询和均值问询。

6.2.1　计数问询

计数问询（利用 SQL 中的 COUNT 算子）计算数据集中满足特定属性的行数。一般来说，**计数问询的敏感度总等于 1**。这是因为向数据集中添加一行数据最多会使问询的输出结果增加 1，即当新增行满足特定属性时，计数结果加 1。反之，当新增行不满足特定属性时，计数结果不变（删除行可能使计数结果减 1）。

例子："数据集中有多少人？"（敏感度：1，计算总行数。）

```
adult.shape[0]
```

```
32561
```

例子："受教育年数超过 10 年的有多少人？"（敏感度：1，根据属性计算行数。）

```
adult[adult['Education-Num']>10].shape[0]
```

```
10516
```

例子："受教育年数小于或等于 10 年的有多少人？"（敏感度：1，根据属性计算行数。）

```
adult[adult['Education-Num']<=10].shape[0]
```

```
22045
```

例子："名字叫 Joe Near 的有多少人？"（敏感度：1，根据属性计算行数。）

```
adult[adult['Name']=='Joe Near'].shape[0]
```

```
0
```

6.2.2 求和问询

求和问询（利用 SQL 中的 SUM 算子）计算数据集行中的属性值（attribute value）总和。

例子："受教育年数超过 10 年的人，其年龄总和是多少？"

```
adult[adult['Education-Num']>10]['Age'].sum()
```

```
422876
```

计算求和问询的敏感度不像计数问询那么简单。向数据集添加一行新数据会使样例问询增加一个新个体的年龄。这意味着问询的敏感度取决于我们添加的具体数据是什么。

我们想要用一个确定的数来表示求和问询的敏感度。不幸的是,这样的数并不存在。例如,我们可以把敏感度直接设置为 125。但这意味着数据集新增行的年龄不能超过 125 岁,否则我们设置的敏感度就不满足敏感度的定义了。无论我们把敏感度设置为多少,新增行都可能和我们的敏感度设置冲突。

你可能对此结论持怀疑态度(可能是对的)。假设我们把敏感度设置为 1 000。我们几乎不可能找到一个年龄为 1 000 岁的人来违背此敏感度。对于年龄这个特殊的属性来说,我们可以认为人的年龄有合理的上界。有史以来最长寿的人活到了122 岁(见 https://en.wikipedia.org/wiki/List_of_the_verified_oldest_people),因此把敏感度设置为 122 岁这个上界看起来是合理的。

但这不能证明没有人能活到 126 岁。对于(收入等)其他属性来说,很难找到一个合理的上界。

一般来说,当待求和的属性值不存在上界和下界时,我们称求和问询具有**无界敏感度**。当存在上下界时,求和问询的敏感度等于**上下界的差**。在 6.3 节,我们将介绍裁剪技术。此技术用于在边界不存在时强制划定边界,以便将无界敏感度的求和问询转化为有界敏感度的问询。

6.2.3 均值问询

均值问询(利用 SQL 中的 AVG 算子)计算指定列属性值的平均值。

例子:"受教育年数超过 10 年的人,其平均年龄是多少?"

```
adult[adult['Education-Num']>10]['Age'].mean()
```

```
40.21262837580829
```

应用差分隐私回复均值问询的最简单方法是,将均值问询拆分为两个问询——求和问询除以计数问询。对上述例子,我们有:

```
adult[adult['Education-Num']>10]['Age'].sum()/adult[adult['Education-
Num']>10]['Age'].shape[0]
```

```
40.21262837580829
```

求和问询和计数问询的敏感度都可以根据前面提到的方法计算得到。因此，我们可以分别计算两个问询的噪声回复（如使用拉普拉斯机制）。对两个噪声回复做除法，即可得到差分隐私均值。我们可以应用串行组合性计算两个问询的总隐私消耗量。

6.3　裁剪

差分隐私的拉普拉斯机制无法直接应用于无界敏感度问询。幸运的是，我们通常可以利用裁剪（clip）技术将此类问询转换为等价的有界敏感度问询。

裁剪技术的基本思想是：强制设置属性值的上界和下界。例如，125 岁以上的年龄可以被"裁剪"到恰好为 125 岁。经过裁剪后，所有年龄都肯定不超过 125 岁。因此，对裁剪数据执行求和问询的敏感度等于上下界的差。例如，以下问询的敏感度为 125：

```
adult['Age'].clip(lower=0,upper=125).sum()
```

```
1256257
```

使用裁剪技术的主要挑战是确定属性值的上界和下界。例如，我们很容易确定年龄的上下界：没有人的年龄会低于 0，年龄很大概率也不会高于 125 岁。如前所述，确定其他属性值的上下界要困难得多。

此外，还需在裁剪造成的信息量损失和满足差分隐私所需的噪声间进行权衡。裁剪边界的上界和下界越接近，敏感度越低，差分隐私所需的噪声就越小。然而，过分裁剪通常会从数据中移除很多信息。这些信息的移除可能给准确度带来损失，其影响超过降低敏感度改善噪声所带来的准确度提升效果。

一般来说，**要将裁剪边界设置为（尽可能）100% 保留数据集的所有信息**。但必须承认，某些领域（例如图数据问询）很难做到这一点。

很容易想到通过查看数据来确定裁剪边界。例如，我们可以查看数据集的年龄直方图，从而确定一个适当的敏感度上界，见图 6-1。

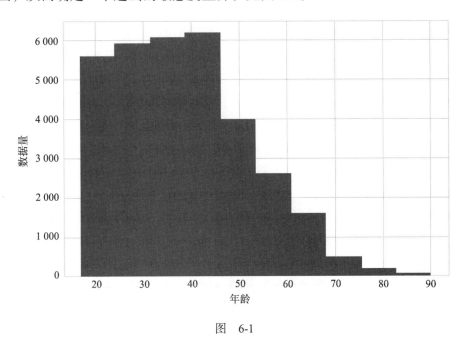

图　6-1

从直方图可以清晰地看出，这个特定数据集中没有人的年龄超过 90 岁，因此以 90 为上界就足够了。

但请特别注意，**此方法并不满足差分隐私**。如果我们通过查看数据来选择裁剪边界，那么边界本身也可能会泄露数据的一些相关信息。

一般可以根据数据集先天满足的一些属性来确定裁剪边界。特别要注意，应该无须查看数据本身即可获得此属性（例如数据集包含年龄列，年龄取值范围很可能在 0～125 之间）。也可以应用差分隐私问询估计选择的边界是否恰当。

当使用第二种方法确定裁剪边界时，我们一般先将敏感度下界设置为 0，随后逐渐增加上界，直至问询输出不再变化（也就是说，即使进一步提高上界，问询的数据也不会再因裁剪而发生任何变化）。例如，让我们尝试计算裁剪边界从 0～100 的年龄总和，并对每次问询使用拉普拉斯机制，保证此过程满足差分隐私，见图 6-2。

我们进行了 100 次 $\epsilon_i = 0.01$ 的问询。因此，根据串行组合性，构建上图的总隐私消耗量为 $\epsilon=1$。显然，问询结果在 upper=80 附近趋于平稳，把 80 作为裁剪边界是个不错的选择。

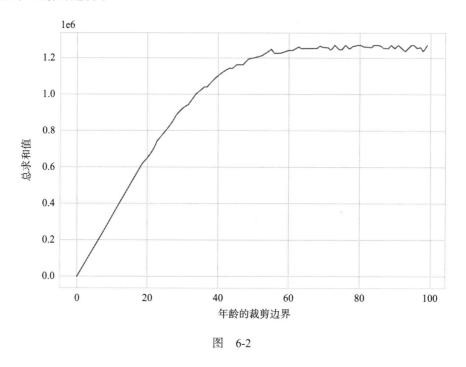

图　6-2

我们可以用相同的方法估计任意数值型属性列的边界，但估计前我们最好能提前知道数据的大致取值范围。例如，如果将年收入的边界值裁剪为 0～100，裁剪边界的估计效果就不是很好，我们甚至无法找到合理的上界。

当数据的取值范围未知时，一种很好的改进方法就是根据对数取值范围估计上界，见图 6-3。

这样一来，我们通过少量问询就可以测试大量可能的裁剪边界取值，但代价是很难准确地找到完美的裁剪边界。当上界的取值变得非常大时，噪声就会开始淹没信号了。在裁剪取值达到最大时，图 6-3 中年龄求和结果波动得非常剧烈！关键是要在图中找到一个相对平滑（意味着噪声小）且求和结果不再增加（意味着裁剪边界足够大）的裁剪边界取值区域。在这个例子中，上界大约为 $2^8=256$。这个结果相对比较合理，与我们前面推导出的年龄上界已经比较接近了。

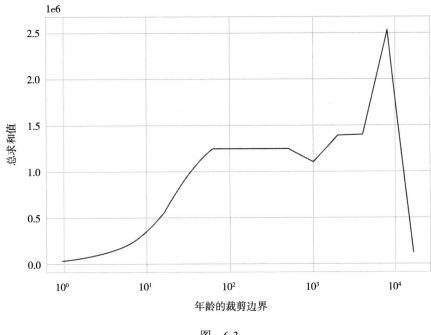

图 6-3

第7章

近似差分隐私

学习目标

阅读本章后，你将能够：

- 定义近似差分隐私。
- 解释近似差分隐私和纯粹差分隐私的区别。
- 描述近似差分隐私的优势和劣势。
- 描述和计算向量值查询的 $L1$ 和 $L2$ 敏感度。
- 定义和使用高斯机制。
- 应用高级组合性。

近似差分隐私（approximate differential privacy，见 [5]），也称 (ϵ, δ)- 差分隐私，其定义如下所述：

$$\Pr[F(x)=S] \leqslant e^{\epsilon} \Pr[F(x')=S] + \delta \tag{7.1}$$

新出现的隐私参数 δ 表示不满足此近似差分隐私定义的"失败概率"。我们有（$1-\delta$）的概率获得等价于纯粹差分隐私的隐私保护程度。同时，我们有 δ 的概率不满足隐私参数为 ϵ 的纯粹差分隐私。换句话说：

- 满足 $\dfrac{\Pr\left[F(x)=s\right]}{\Pr\left[F(x')=s\right]} \leqslant e^{\epsilon}$ 的概率为（$1-\delta$）。

- 不能保证满足上述不等式的概率为 δ。

上述定义看起来有点吓人。我们有 δ 的概率无法保证差分隐私，这意味着我们甚至可能有 δ 的概率泄露整个敏感数据集。因此，我们通常要求 δ 很小。一般来说，我们要求 δ 的取值小于等于 $1/n^2$，其中 n 表示数据集的总大小。此外，我们还将看到，实际使用的 (ϵ, δ)- 差分隐私机制不会像定义所描述的那样吓人，不会出现一旦失败就引发灾难性后果的情况。实际上，该机制会温和地失败，一般不会造成诸如泄露整个数据集之类的严重后果。

确实可以构造出此类机制，并可以证明构造出的机制确实满足 (ϵ, δ)- 差分隐私。我们将在本章后续部分看到实际构造机制的方法。

7.1 近似差分隐私的性质

近似差分隐私拥有和纯粹 ϵ- 差分隐私相似的特性。它同样满足**串行组合性**：如果 $F_1(x)$ 满足 (ϵ_1, δ_1)- 差分隐私，同时 $F_2(x)$ 满足 (ϵ_2, δ_2)- 差分隐私，则发布两个结果的机制 $G(x)=(F_1(x), F_2(x))$ 满足 $(\epsilon_1+\epsilon_2, \delta_1+\delta_2)$- 差分隐私。与纯粹 ϵ- 差分隐私相比，近似差分隐私串行组合性唯一的不同之处在于需要分别对 δ 和 ϵ 相加。近似差分隐私同样满足后处理性和并行组合性。

7.2 高斯机制

可以用高斯机制替代拉普拉斯机制。高斯机制增加的不是拉普拉斯噪声，而是高斯噪声。高斯机制无法满足纯粹 ϵ- 差分隐私，但可以满足 (ϵ, δ)- 差分隐私。对于一个返回数值的函数 $f(x)$，应用下述定义的高斯机制，可以得到满足 (ϵ, δ)- 差分隐私的 $F(x)$：

$$F(x) = f(x) + \mathcal{N}(\sigma^2) \tag{7.2}$$

$$其中 \quad \sigma^2 = \frac{2s^2 \log(1.25/\delta)}{\epsilon^2} \tag{7.3}$$

这里的 s 是 f 的敏感度，$\mathcal{N}(\sigma^2)$ 表示均值为 0，方差为 σ^2 的高斯（正态）分布采样结果。请注意，这里的 log 表示自然对数（本书其他地方出现的 log 同样表示自然对数）。

对于实值函数 $f: D \rightarrow \mathbb{R}$，我们可以按照与拉普拉斯机制完全相同的方法使用高斯机制。在相同的 ϵ 取值下，很容易对比两种机制的应用效果，见图 7-1。这里我们画出了 $\epsilon = 1$ 时，拉普拉斯机制和高斯机制的经验概率密度函数，令高斯机制的 $\delta = 10^{-5}$。

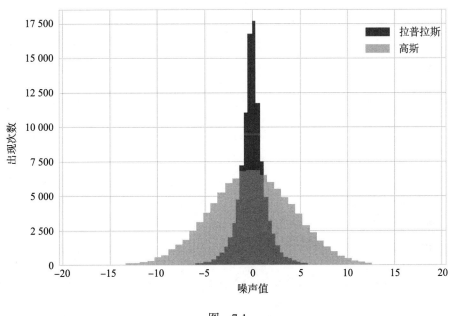

图　7-1

与拉普拉斯机制的曲线相比，高斯机制的曲线看起来更"平"。当应用高斯机制时，我们更有可能得到远离真实值的差分隐私输出结果，而拉普拉斯机制的输出结果与真实值更接近一些（相比之下，拉普拉斯机制的曲线看起来更"尖"）。

因此，高斯机制有两个严重的缺点，第一，该机制需要使用宽松的 (ϵ, δ)-差分隐私定义；第二，该机制的准确性不如拉普拉斯机制。既然如此，为什么我们还需要高斯机制呢？稍后我们就会看到，高斯机制有属于它的用武之地。

7.3 向量值函数及其敏感度

截至目前，我们考虑的都是实值函数（即输出总为单一实数的函数），此类函数的形式为 $f: D \to \mathbb{R}$。拉普拉斯机制和高斯机制都可以扩展到形式为 $f: D \to \mathbb{R}^k$ 的向量值函数，即输出为实数向量的函数。我们可以将直方图看作向量值函数，其返回的向量表示直方图各个分箱的计数值。

我们在前面提到，函数的敏感度定义为：

$$\mathrm{GS}(f) = \max_{d(x, x') \leqslant 1} |f(x) - f(x')| \qquad (7.4)$$

我们如何定义向量值函数的敏感度呢？

考虑表达式 $f(x) - f(x')$。如果 f 是向量值函数，那么该表达式表示的是两个向量之间的差，可以通过计算对应位置元素之间的差来得到（两个长度为 k 的向量差是一个长度为 k 的新向量）。这个新向量就是 $f(x)$ 和 $f(x')$ 之间的距离。

该向量的标量长度就是 f 的敏感度。有很多计算向量标量长度的方法。我们将使用两种方法：$L1$ 范数和 $L2$ 范数。

7.3.1 $L1$ 和 $L2$ 范数

给定长度为 k 的向量 V，其 $L1$ 范数定义为 $\|V\|_1 = \sum_{i=1}^{k} V_i$（即向量各个元素的和）。在二维空间中，两个向量之差的 $L1$ 范数就是它们的"曼哈顿距离"。

给定长度为 k 的向量 V，其 $L2$ 范数定义为 $\|V\|_2 = \sqrt{\sum_{i=1}^{k} V_i^2}$（即向量各个元素平方和再求平方根）。在二维空间中，两个向量之差的 $L2$ 范数就是它们的"欧氏距离"。$L2$ 范数总是小于或等于 $L1$ 范数。

7.3.2 $L1$ 和 $L2$ 敏感度

向量值函数 f 的 $L1$ 敏感度为：

$$\mathrm{GS}(f)=\max_{d(x,x')\leqslant 1}\|f(x)-f(x')\|_1 \tag{7.5}$$

此敏感度等于向量各个元素敏感度的和。举例来说，如果我们定义了一个向量值函数 f，其返回一个长度为 k 的向量，且向量中各个元素的敏感度均为 1，则 f 的 $L1$ 敏感度为 k。

类似地，向量值函数 f 的 $L2$ 敏感度为：

$$\mathrm{GS}_2(f)=\max_{d(x,x')\leqslant 1}\|f(x)-f(x')\|_2 \tag{7.6}$$

同样使用上述例子，向量值函数 f 返回一个长度为 k 的向量，且向量中各个元素的敏感度均为 1，则 f 的 $L2$ 敏感度为 $\sqrt{k}$。对于长向量，$L2$ 敏感度显然比 $L1$ 敏感度低得多。在机器学习算法（返回的向量有时包含成千上万个元素）等应用中，$L2$ 敏感度显著低于 $L1$ 敏感度。

7.3.3　选择 $L1$ 还是 $L2$

如之前所述，拉普拉斯机制和高斯机制都可以扩展到向量值函数。然而，这两种机制的扩展结果间有一个关键差异点：向量值拉普拉斯机制**需要**使用 $L1$ 敏感度，而向量值高斯机制既可以使用 $L1$ 敏感度，也可以使用 $L2$ 敏感度。这是高斯机制的一个重要优势。对于 $L2$ 敏感度远低于 $L1$ 敏感度的应用来说，高斯机制添加的噪声要小得多。

- **向量拉普拉斯机制**发布的是 $f(x)+(Y_1,\cdots,Y_k)$，其中 Y_i 是采样自拉普拉斯分布的独立同分布噪声，噪声尺度为 s/ϵ，其中 s 是 f 的 $L1$ 敏感度。
- **向量高斯机制**发布的是 $f(x)+(Y_1,\cdots,Y_k)$，其中 Y_i 是采样自高斯分布的独立同分布噪声，且 $\sigma^2=2s^2\log(1.25/\delta)/\epsilon^2$，其中 s 是 f 的 $L2$ 的敏感度。

7.4　灾难机制

(ϵ,δ)- 差分隐私定义称满足此差分隐私定义的机制必须以 $(1-\delta)$ 的概率"表现良好"。但这也意味着此机制可以以 δ 的概率执行任何操作。"失败概率"的存在令人无比担忧，因为满足宽松定义的差分隐私机制总可能（即使发生的概率很低）给出糟糕的输出结果。

考虑如下机制，我们称之为灾难机制（catastrophe mechanism）：

$$F(q, x) = 在 0\sim1 之间均匀随机地采样得到一个数 r \tag{7.7}$$

$$如果 r < \delta, 返回 x \tag{7.8}$$

$$否则，返回 q(x) + \mathrm{Lap}(s/\epsilon)，其中 s 是 q 的敏感度 \tag{7.9}$$

灾难机制有（$1-\delta$）的概率满足 ϵ- 差分隐私。然而，灾难机制同时有 δ 的概率泄露无噪声的整个数据集。尽管该机制满足近似差分隐私定义，但我们在实际中不太可能会应用此机制。

幸运的是，大多数 (ϵ, δ)- 差分隐私机制不会出现类似的灾难性失效情况。例如，高斯机制就不会真的发布整个数据集。高斯机制只是以 δ 的概率不会严格地满足 ϵ- 差分隐私，而是满足某个值 c 下的 $c\epsilon$- 差分隐私。

因此，高斯机制会很温和地失败，而不会灾难性地失败。因此，与灾难机制相比，我们有理由相信高斯机制可以为我们提供更好的隐私保护。我们后续还将看到差分隐私的另一种宽松定义方法。此定义可以区分温和性失败机制（如高斯机制）和灾难性失败机制（如灾难机制）。

7.5 高级组合性

我们已经学习了差分隐私机制的两种组合方式——串行组合性和并行组合性。事实证明，(ϵ, δ)- 差分隐私引入了串行组合性的一种新的分析方法，此分析方法可以进一步降低隐私消耗量。

高级组合定理（见 [7]）通常用 k- 折叠适应性组合（k-fold adaptive composition）机制来描述。k- 折叠适应性组合指的是将一系列机制 $m_1, \cdots, m_k$ 组合起来，这些机制满足下述条件：

- 可以根据所有前述机制 $m_1, \cdots, m_{i-1}$ 的输出来选择下一个机制 m_i（适应性）。
- 每个机制 m_i 的输入既包括隐私数据集，也包括前述机制的所有输出（组合性）。

迭代程序（如循环或递归函数）几乎都是 k- 折叠适应性组合的实例。例如，一个执行 1000 轮的 `for` 循环是 1000- 折叠适应性组合。再举一个更特殊的例子，平均攻击也是 k- 折叠适应性组合：

```python
# 此攻击针对的是敏感度为 1 的问询
def avg_attack(query, epsilon, k):
    results = [query + np.random.laplace(loc=0, scale=1/epsilon) for i in range(k)]
    return np.mean(results)

avg_attack(10, 1, 500)
```

```
10.05314927867837
```

在这个例子中，我们提前确定了机制的组合顺序（我们每次都使用相同的机制），且 $k=500$。标准串行组合定理称，该机制的总隐私消耗量为 $k\epsilon$（本例的总隐私消耗量为 500ϵ）。高级组合定理称：如果 k- 折叠适应性组合 $m_1,\cdots,m_k$ 中的每一个机制 m_i 都满足 ϵ- 差分隐私，则对于任意 $\delta\geq0$，整个 k- 折叠适应性组合满足 (ϵ',δ')- 差分隐私，其中

$$\epsilon'=2\epsilon\sqrt{2k\log(1/\delta')} \tag{7.10}$$

根据前面的例子，将 $\epsilon=1$ 代入表达式中，并设置 $\delta'=10^{-5}$，我们有

$$\epsilon'=2\sqrt{1\,000\log(100\,000)} \tag{7.11}$$

$$\approx214.59 \tag{7.12}$$

因此，对于相同机制，应用高级组合性得到的 ϵ' 下界远低于应用串行组合性得到的下界。这意味着什么呢？这意味着串行组合性得到的隐私消耗量下界是宽松的。与实际隐私消耗相比，串行组合性得到的下界不够紧致。事实上，高级组合性得到的下界也是宽松的，此下界只是比串行组合性给出的下界稍显紧致一些。

需要着重强调的是，得到的两种隐私消耗量上界从技术角度看不具有可比性，因为高级组合性引入了 δ。但当 δ 很小时，我们通常可以比较两种方法给出的 ϵ。

既然如此，我们应该总是使用高级组合性吗？并非如此。我们分别对于不同的 k 值计算隐私消耗量，绘制串行组合性和高级组合性的总隐私消耗图，如图 7-2 所示。

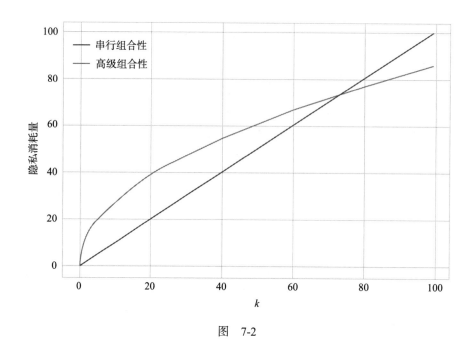

图   7-2

事实证明，当 k 小于 70 时，标准的串行组合性比高级组合性得到的总隐私消耗量更小。因此，仅当 k 比较大时（如大于 100 时），高级组合性才会有用武之地。不过，当 k 非常大时，高级组合性可以显露出巨大的优势，如图 7-3 所示。

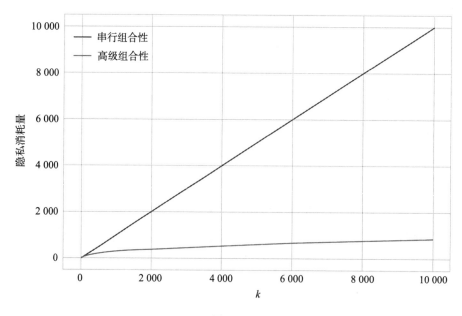

图   7-3

7.6　近似差分隐私的高级组合性

当使用高级组合性时，我们要求各个机制均需满足纯粹 ϵ- 差分隐私。然而，如果各个机制均满足 (ϵ, δ)- 差分隐私，高级组合定理同样适用。高级组合定理更一般的描述如下（见 [7], 定理 3.20）：如果 k- 折叠适应性组合 $m_1, \cdots, m_k$ 中的每个机制 m_i 都满足 (ϵ, δ)- 差分隐私，则对于任意 $\delta' \geqslant 0$，整个 k- 折叠适应性组合都满足 $(\epsilon', k\delta + \delta')$- 差分隐私，其中

$$\epsilon' = 2\epsilon\sqrt{2k\log(1/\delta')} \tag{7.13}$$

与前面的描述相比，唯一的区别是组合机制的失败参数 δ，即这里的失败参数包含额外的 $k\delta$ 项。当待组合的机制满足纯粹 ϵ- 差分隐私时，我们有 $\delta = k\delta = 0$。两种描述在纯粹差分隐私下得到的结果一致。

第8章

局部敏感度

学习目标

阅读本章后，你将能够：

- 定义局部敏感度并解释它与全局敏感度的区别。
- 描述局部敏感度是如何泄露数据信息的。
- 借助"建议－测试－发布"框架安全地使用局部敏感度。
- 描述平滑敏感度框架。
- 使用"采样－聚合"框架回复敏感度为任意值的问询。

截至目前，我们只学习了一种敏感度指标：全局敏感度。全局敏感度定义考察的是任意两个邻近数据集。这种定义似乎显得过于严苛了。由于我们将在实际数据集上执行差分隐私机制，我们难道不应该只需要考虑此数据集的邻近数据集吗？

局部敏感度（local sensitivity，见 [8]）的直观思想是：将两个数据集中的一个作为待问询的实际数据集，仅考虑此数据集的所有邻近数据集。用更严谨的数学语言来描述，函数 $f: \mathcal{D} \to \mathbb{R}$ 在 $x: \mathcal{D}$ 的局部敏感度定义如下：

$$\mathrm{LS}(f, x) = \max_{x': d(x, x') \leq 1} \left| f(x) - f(x') \right| \tag{8.1}$$

注意到，局部敏感度是以问询（f）和实际数据集（x）这两个输入定义的函数。与全局敏感度不同，我们不能抛开输入的数据集单独讨论局部敏感度。反之，我们需要考虑局部敏感度所依赖的实际数据集是什么。

8.1 均值问询的局部敏感度

我们很难为一些函数设置全局敏感度的上界。此时，局部敏感度就可以派上用场了，利用局部敏感度可以允许我们对这些函数设置有界的敏感度。均值函数就是一个典型的例子。截至目前，为了使均值问询满足差分隐私，我们需要将均值问询拆分为两个问询：满足差分隐私的求和问询（分子）和满足差分隐私的计数问询（分母）。应用串行组合性和后处理性，这两个问询结果的商仍然满足差分隐私。

我们为什么非要通过这种方式来回复均值问询呢？因为均值问询的输出结果依赖数据集的大小。从数据集中增加或删除数据行，数据集的大小将随之变化，导致均值问询的输出结果发生变化。如果我们想计算均值问询的全局敏感度上界，我们就需要假设可能出现的最糟糕情况：数据集的大小为 1。如果数据属性值的上下界分别为 u 和 l，则均值的全局敏感度为 $|u-l|$。对于较大规模的数据集来说，此全局敏感度上界太过夸张。与之相比，"噪声求和除以噪声计数"的问询回复方法要好得多。

局部敏感度定义下的情况就有所不同了。我们考虑最糟糕的情况：添加一个包含最大值（u）的新数据行。令 $n=|x|$（即 n 表示数据集的大小）。我们先考虑实际数据集的均值：

$$f(x)=\frac{\sum_{i=1}^{n}x_i}{n} \tag{8.2}$$

现在，我们考虑添加一行后会发生什么：

$$|f(x')-f(x)|=\left|\frac{\sum_{i=1}^{n}x_i+u}{n+1}-\frac{\sum_{i=1}^{n}x_i}{n}\right| \tag{8.3}$$

$$\leqslant\left|\frac{\sum_{i=1}^{n}x_i+u}{n+1}-\frac{\sum_{i=1}^{n}x_i}{n+1}\right| \tag{8.4}$$

$$= \left| \frac{\sum_{i=1}^{n} x_i + u - \sum_{i=1}^{n} x_i}{n+1} \right| \tag{8.5}$$

$$= \left| \frac{u}{n+1} \right| \tag{8.6}$$

此问询的局部敏感度依赖实际数据集的大小，而全局敏感度的定义不可能与数据集本身相关。

8.2 通过局部敏感度实现差分隐私

我们已经定义了一种新的敏感度指标，但我们该如何使用它呢？我们可以像全局敏感度那样直接使用拉普拉斯机制吗？以下对 F 的定义满足 ϵ- 差分隐私性吗？

$$F(x) = f(x) + \text{Lap}\left(\frac{\text{LS}(f, x)}{\epsilon} \right) \tag{8.7}$$

很不幸，答案是否定的，上述定义的 F 不满足 ϵ- 差分隐私性。由于 $\text{LS}(f, x)$ 本身与数据集相关，如果分析者知道某个问询在特定数据集下的局部敏感度，那么分析者也许能够推断出一些与数据集相关的信息。因此，不可能直接使用局部敏感度来满足差分隐私。举例来说，考虑前面定义的均值问询局部敏感度边界。如果我们知道特定数据集 x 的局部敏感度，我们就可以推断出没有噪声的情况下数据集 x 的准确行数：

$$|x| = \frac{b}{\text{LS}(f, x)} - 1 \tag{8.8}$$

即使局部敏感度的取值对分析者保密也无济于事。分析者通过观察少量问询的回复就可能确定噪声尺度，从而使用该值推断出局部敏感度。差分隐私旨在保护 $f(x)$ 的输出，但并不能保护差分隐私定义中所使用的敏感度指标。

学者们已经提出了几种安全使用局部敏感度的方法。我们将在本章剩余部分展开讨论。

辅助数据可以向我们透露出一些非常敏感的信息。试想一下，如果我们的问询是："数据集中名叫 Joe 的人的平均成绩排名位于班级前 2% 吗？"，用于计算平均值的数据集大小就变得非常敏感了。

建议－测试－发布框架

局部敏感度的主要问题是敏感度本身会泄露数据的一些信息。如果我们让敏感度本身也满足差分隐私呢？直接实现这一目标很有挑战，因为一个函数局部敏感度的全局敏感度是无上界的。不过，我们可以通过提交满足差分隐私的问询来间接得到某个函数的局部敏感度。

建议－测试－发布（propose-test-release）框架（见 [9]）采用的就是这种方法。该框架首先询问数据分析者函数的建议局部敏感度上界。随后，该框架执行满足差分隐私的测试，检验所问询的数据集是否"远离"了局部敏感度高于建议边界的数据集。如果测试通过，该框架发布噪声结果，并将噪声量校准到建议的边界。

为了回答一个数据集是否"远离"有着更高局部敏感度数据集的问题，我们定义 k 距离局部敏感度的概念。我们用 $A(f, x, k)$ 表示通过从数据集 x 执行 k 步可得到 f 的最大局部敏感度。用数学语言描述

$$A(f, x, k) = \max_{y:d(x, y) \leq k} \text{LS}(f, y) \qquad (8.9)$$

现在，我们准备定义一个问询来回答以下问题："需要多少步才能实现比给定上界 b 更大的局部敏感度？"

$$D(f, x, b) = \text{argmin}_k A(f, x, k) > b \qquad (8.10)$$

最后，我们定义建议－测试－发布框架（详见 Barthe 等人的论文，https://arxiv.org/abs/1407.2988，图 10），其满足 (ϵ, δ)- 差分隐私：

1. 建议一个局部敏感度的目标边界 b。

2. 如果 $D(f, x, b) + \text{Lap}\left(\dfrac{1}{\epsilon}\right) < \log(2/\delta)/2\epsilon$。返回 $\perp$。

3. 否则，返回 $f(x) + \text{Lap}\left(\dfrac{b}{\epsilon}\right)$。

注意到 $D(f, x, b)$ 的全局敏感度为 1：向 x 添加或移除一行都可能导致距离变化为比

当前局部敏感度"高"了 1。因此，添加尺度为 $1/\epsilon$ 的拉普拉斯噪声可以得到一种度量局部敏感度的差分隐私方法。

为什么该方法满足 (ϵ, δ)- 差分隐私（而不是纯粹 ϵ- 差分隐私）呢？这是因为存在偶然通过测试的可能性，且出现概率不为零。即使 $D(f, x, b)$ 的真实值小于满足差分隐私所需的最小距离，但在第 2 步添加的噪声可能非常大，导致可以直接通过测试。

此失败方式更接近于我们在"灾难机制"中看到的灾难性失败方式，虽然仍然满足差分隐私，但建议－测试－发布框架允许有非 0 的概率发布包含极小噪声的问询结果。另一方面，建议－测试－发布框架并不像灾难机制那么糟糕，因为它永远不会发布没有噪声的问询结果。

另外需要注意的是，即使返回值是 $\perp$，此框架的隐私消耗量仍然为 (ϵ, δ)（也就是说，无论分析者是否收到了有意义的问询回复，此框架都会带来隐私消耗）。

让我们来实现均值问询的建议－测试－发布框架吧。回想一下，该问询的局部敏感度是 $u(n+1)$，提高此局部敏感度的最好方法是减小 n。如果我们以数据集 x 为出发点执行 k 步，得到的局部敏感度就会变为 $|u/(n-k)+1|$。我们使用如下 Python 代码实现该框架。

```python
df = adult['Age']
u = 100                      # 设置年龄的上界为 100
epsilon = 1                  # 设置 ε=1
delta = 1/(len(df)**2)       # 设置 δ=1/n^2
b = 0.005                    # 建议敏感度为 0.005

ptr_avg(df, u, b, epsilon, delta, logging=True)
```

```
噪声距离为 12560.900754180468，而门限值为 10.73744412245554
```

```
38.581701254137585
```

请记住，局部敏感度并不总优于全局敏感度。对于均值问询，我们用旧回复策略得到的回复效果一般会好得多。这是因为我们可以将均值问询拆分为两个独立的、全局敏感度均有界的问询（求和与计数）。我们同样可以应用全局敏感度实现均值问询，见图 8-1。

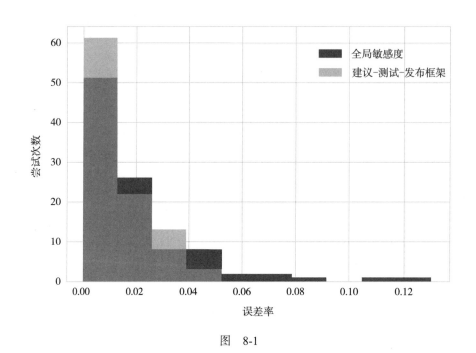

图　8-1

使用建议 – 测试 – 发布框架的问询回复效果似乎更好一些，但实际上效果并没有太大的区别。此外，为使用建议 – 测试 – 发布框架，分析者必须建议一个敏感度边界。我们这里其实作弊了，"神奇地"选择了一个非常合适的值（0.005）。事实上，分析者需要执行多次问询才能猜出可用的边界，而这一过程会消耗额外的隐私预算。

8.3　平滑敏感度

第二种使用局部敏感度的方法称为平滑敏感度（smooth sensitivity），来自 Nissim、Raskhodnikova 和 Smith 的 论 文（见 [8]，https://cs-people.bu.edu/ads22/pubs/NRS07/NRS07-full-draft-v1.pdf）。利用拉普拉斯噪声实例化得到的平滑敏感度框架可提供 (ϵ, δ)- 差分隐私性：

1. 设置 $\beta = \dfrac{\epsilon}{2\log(2/\delta)}$，

2. 令 $S = \max_{k=1,\,\cdots,\,n} e^{-\beta k} A(f,\,x,\,k)$，

3. 发布 $f(x) + \mathrm{Lap}\left(\dfrac{2S}{\epsilon}\right)$。

平滑敏感度的基本思想是不使用局部敏感度本身，而是使用局部敏感度的"平滑"近似值来校准噪声。使用平滑量的目的就是防止因直接使用局部敏感度而意外发布数据集的有关信息。上述步骤 2 就是在执行平滑操作：利用邻近数据集与实际数据集距离的指数函数来缩放局部敏感度，并取缩放程度最大的结果作为最终的局部敏感度。这样做的效果是，如果 x 的邻近数据集存在局部敏感度峰值，那么该峰值将作用于 x 的平滑敏感度中（因此，峰值本身被"平滑"了，不会泄露数据集的任何信息）。

与建议-测试-发布框架相比，平滑敏感度拥有明显的优势：它不需要分析者建议敏感度边界。站在分析者的角度看，使用平滑敏感度和使用全局敏感度一样简单。但是，平滑敏感度有两个主要的缺点。第一，平滑敏感度通常比局部敏感度大（至少为 2 倍，详见步骤 3），因此增加的噪声量可能会比建议-测试-发布等替代框架更大。第二，计算平滑敏感度时需要找到所有可能的 k 中最大的平滑敏感度，这可能涉及极大的计算开销。在多数情况下，可以证明只需要考虑少量的 k 值就足够了（对于多数问询函数，$e^{-\beta k}$ 的指数衰减效果会很快覆盖 $A(f, x, k)$ 的增长效果）。然而，对于想使用平滑敏感度的每一个问询函数，我们都需要证明此函数只需要考虑少量的 k 值。

举例来说，考虑之前定义的均值问询的平滑敏感度，见图 8-2。

最终敏感度：0.006142128861863522

这里需要注意到两个现象。第一，即使只考虑 k 小于 200 的情况，我们也可以清楚地看到，均值问询平滑局部敏感度随着 k 的增加而趋近于 0。事实上，$k=0$ 时的均值问询平滑局部敏感度取得最大值。在多数情况下，平滑局部敏感度都会随着

k 的增加而降低。但是，如果想要使用平滑敏感度，我们就必须证明它（这里我们并没有给出证明）。第二，注意到我们增加到问询结果中的最终噪声量高于我们之前（在建议－测试－发布框架中）建议的敏感度。尽管这两个噪声量的差距不大，但这也表明使用建议－测试－发布得到的局部敏感度有可能低于平滑敏感度。

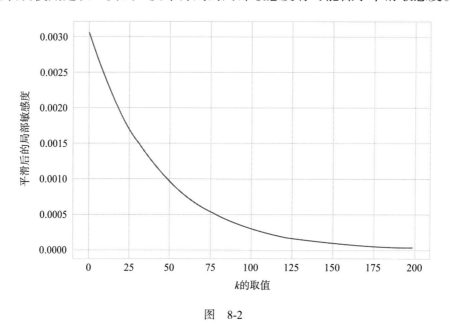

图　8-2

8.4　采样－聚合框架

我们接下来考虑与局部敏感度相关的最后一个框架，即采样－聚合（sample and aggregate）框架（同样来自 Nissim、Raskhodnikova 和 Smith 的论文，见 [8]，https://cs-people.bu.edu/ads22/pubs/NRS07/NRS07-full-draft-v1.pdf）。对任意函数 $f: \mathcal{D} \rightarrow \mathbb{R}$，令裁剪上界和下界分别为 u 和 l，则下述框架满足 ϵ-差分隐私：

1. 将数据集 $X \in \mathcal{D}$ 拆分为 k 个不相交的数据块 $x_1, \cdots, x_k$，

2. 计算每个数据块的裁剪回复值 $a_i = \max(l, \min(u, f(x_i)))$，

3. 计算平均回复值并增加噪声 $A = \left(\dfrac{1}{k} \sum_{i=1}^{k} a_i \right) + \mathrm{Lap}\left(\dfrac{u-l}{k\epsilon} \right)$。

注意，该框架满足纯粹 ϵ- 差分隐私，且实际执行时无须使用局部敏感度。事实上，我们不需要知道关于 f（无论是全局还是局部）敏感度的任何信息。除了知道每个数据块 x_i 互不相交外，我们也不需要知道 x_i 的任何其他信息。我们一般需要对数据集进行随机拆分（"好"的随机拆分结果往往会给出更准确的回复），但随机拆分不是应用采样 - 聚合框架的必要条件。

仅仅利用全局敏感度和并行组合性就可以证明该框架满足差分隐私。我们将数据集拆分为 k 个互不相交的数据块，因此每个个体仅出现在一个数据块中。我们不知道 f 的敏感度，但我们将其输出裁剪到 u 和 l 的范围内。因此，每个裁剪回复值 $f(x_i)$ 的敏感度为 $u-l$。由于我们调用了 k 次 f，并取 k 次回复的平均值，因此均值的全局敏感度为 $(u-l)/k$。

请注意，我们在采样 - 聚合框架中直接声明了均值的全局敏感度边界，并没有将均值拆分为求和问询与计数问询。我们无法对"常规"均值问询执行此操作，因为"常规"均值问询中计算平均数的分母与数据集大小相关。在采样 - 聚合框架中，计算平均数的分母由分析者所选择的 k 确定，k 的取值与数据集无关。当均值问询中计算平均数的分母可以独立确定并对外公开时，我们就可以放心地使用这一改进的全局敏感度边界。

在该采样 - 聚合框架的简单实例中，我们要求分析者提供每个 $f(x_i)$ 输出的上界 u 和下界 l。由于 u 和 l 可能依赖 f 的定义，因此可能极难确定 u 和 l 的取值。例如，在计数问询中，f 的输出与数据集直接相关。

学者们已经提出了更高级的采样-聚合框架实例化方法（Nissim、Raskhodnikova 和 Smith 在论文中讨论了一部分实例化方法，见 https://cs-people.bu.edu/ads22/pubs/NRS07/NRS07-full-draft-v1.pdf），通过利用局部敏感度避免分析者给出 u 和 l。然而，在一些特定函数 f 的输出范围很容易被限制的情况下，就可以直接使用采样 - 聚合框架。我们仍然以计算给定数据集的平均年龄为例。人口的平均年龄很大可能在 20～80 之间，因此设置 $l = 20$ 和 $u = 80$ 是合理的。这样一来，我们限制了数据集平均年龄问询的输出范围，从而可以直接使用采样 - 聚合框架。只要每个数据块 x_i 都能体现人口信息的群体特性，不会出现过于极端的情况，我们就可以放心大胆地限制输出范围，而不丢失过多的信息。

该框架的关键参数是数据块数量，即 k 的取值。一方面，k 越大，噪声均值的敏感度就越小。因此数据块数量越多，噪声量越小。另一方面，k 越大，每个数据块就越小，因此每个回复值 $f(x_i)$ 都越可能远离正确回复值 $f(X)$。在上述例子中，我们希望每个数据块的平均年龄接近整个数据集的平均年龄。如果每个块只包含极少部分人，数据块的平均年龄很可能与数据集的平均年龄相差甚远。

我们应该如何设置 k 的值呢？这依赖 f 和数据集本身，因此很难为数据集设置适当的 k 值。让我们尝试使用不同的 k 值来回复均值问询，见图 8-3、图 8-4 和图 8-5。

```
Text(0, 0.5, '尝试次数')
```

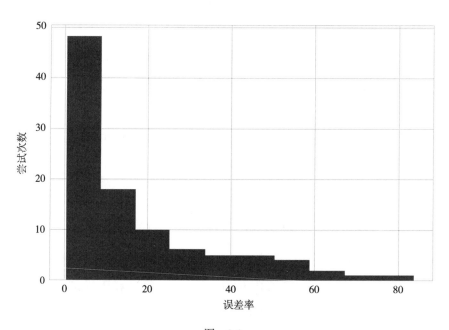

图 8-3

```
Text(0, 0.5, '尝试次数')
```

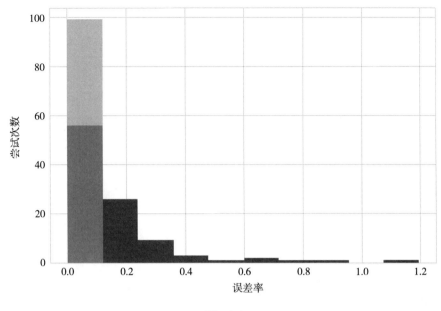

图　8-4

Text(0, 0.5, '尝试次数')

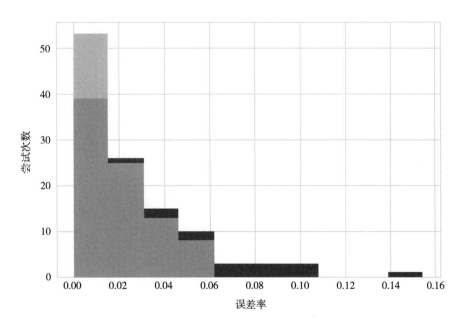

图　8-5

因此，尽管采样–聚合框架的准确性无法击败全局敏感度方法，但如果能选择合适的 k，两者的回复效果也可以非常接近。采样–聚合框架最大的优势在于此框架适用于任意函数 f。无论函数的敏感度是多少，都可以使用采样–聚合框架。这意味着只要 f 本身表现良好，就可以应用采样–聚合框架获得 f 满足差分隐私的输出，并得到较好的准确度。另一方面，采样–聚合框架要求分析者设置裁剪边界 u 和 l，并设置数据块数量 k。

第 9 章

差分隐私变体

学习目标

阅读本章后，你将能够：

- 定义瑞丽差分隐私和零集中差分隐私。
- 描述与 (ϵ, δ)- 差分隐私定义相比，这些差分隐私变体定义的优势。
- 将这些变体的隐私消耗量转换为 (ϵ, δ)- 差分隐私的隐私消耗量。

回想一下，我们前面讲解的大多数隐私消耗量计算方法所得到的是隐私消耗量的上界。有时，我们计算得到的是非常宽松的上界，而真正的隐私消耗量远低于计算得到的上界。提出差分隐私新变体的主要目的是能得到更加紧致的隐私消耗量（这对于迭代算法非常重要），且相应的隐私定义在实际中仍然可用。例如，(ϵ, δ)-差分隐私的灾难性失败情况就不是我们想要的隐私保护效果。我们在本节中介绍的差分隐私变体可以为某些类型的问询提供更加紧致的隐私消耗量组合结果，同时消除灾难性失败情况。

快速回忆一下我们已经介绍过的工具。我们首先来看 ϵ- 差分隐私的串行组合性。可以证明 ϵ- 差分隐私的串行组合性是紧致的。这是什么意思呢？意思是对于任何小于串行组合性得到的隐私消耗量下界，我们都可以找到不满足此下界的反例：存在满足 ϵ- 差分隐私的机制 F，当组合 k 次时，F 满足 $k\epsilon$- 差分隐私，但对任意 $c<k$，F 不满足 $c\epsilon$- 差分隐私。

我们通过图像直观感受一下上述结论，见图 9-1。我们把问询"向量化"，看看隐私消耗量会发生什么变化。我们将多个问询合并为一个问询，此问询返回包含多个回复的向量。因为回复值是一个向量，我们可以使用一次向量值拉普拉斯机制，从而避免使用组合定理。接下来，我们分别为串行组合性和"向量化"形式画出 k 次问询所需的噪声量。在串行组合性中，每个问询的敏感度是 1，因此每个问询的噪声尺度为 $1/\epsilon_i$。如果我们想让总隐私消耗量等于 ϵ，则 ϵ_i 的求和结果应等于 ϵ，因此 $\epsilon_i = \epsilon/k$。这意味着每个问询需要尺度为 k/ϵ 的拉普拉斯噪声。"向量化"形式只包含一次问询，但此问询的 $L1$ 敏感度为 $\sum_{i=1}^{k} 1 = k$。因此，向量化形式的噪声尺度同样为 k/ϵ。

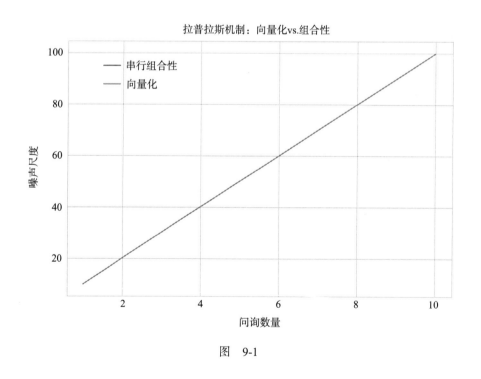

图 9-1

两条线完全重合。这意味着无论我们执行多少次问询，只要要求问询满足 ϵ- 差分隐私，我们就不可能得到比串行组合性更好的组合方法。这是因为串行组合性与向量化问询的结果一致，而向量化问询是单次的，不涉及问询的组合，因此串行组合性得到的隐私消耗量已经是最优的了。

那 (ϵ, δ)- 差分隐私呢？情况有所不同。我们可以在串行组合下使用高级组合性。这里我们必须非常小心，保证总隐私消耗量确实为 (ϵ, δ)。特别地，我们设置 $\epsilon_i = \epsilon / 2\sqrt{2k\log(1/\delta')}$，$\delta_i = \delta / 2k$，以及 $\delta' = \delta / 2$（将 δ 拆分成两部分，50% 用于问询，50% 用于高级组合）。利用高级组合性，所有 k 次问询的总隐私消耗量为 (ϵ, δ)。使用高斯机制的噪声尺度为：

$$\sigma^2 = \frac{2\log\left(\dfrac{1.25}{\delta_i}\right)}{\epsilon_i^2} \tag{9.1}$$

$$= \frac{16k\log\left(\dfrac{1}{\delta'}\right)\log\left(\dfrac{1.25}{\delta_i}\right)}{\epsilon^2} \tag{9.2}$$

$$= \frac{16k\log\left(\dfrac{2}{\delta}\right)\log\left(\dfrac{2.5k}{\delta}\right)}{\epsilon^2} \tag{9.3}$$

在"向量化"形式下，我们只需要一次问询，其 $L2$ 敏感度为 $\sqrt{k}$。使用高斯机制的噪声尺度为 $\sigma^2 = 2k\log(1.25/\delta)/\epsilon^2$。

在实际应用中，两个噪声尺度表达式的差异意味着什么呢？随着 k 的增大，两个表达式的渐进变化趋势相同，但常数项有所不同。与此同时，在应用高级组合性得到的表达式中，δ 包含额外的对数因子。在这些因素的作用下，应用高级组合性得到的隐私消耗量边界要比实际情况宽松得多。我们同样把两个噪声尺度表达式的图像画出来，如图 9-2 所示。

两者的图像甚至相距甚远，"向量化"的噪声尺度增长量远比高级组合性慢。这意味着什么呢？我们应该能在串行组合方面做得更好！

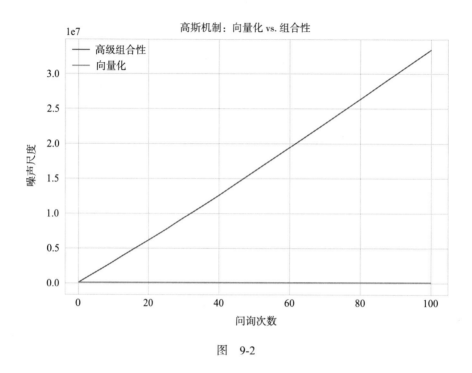

图   9-2

9.1   最大散度和瑞丽散度

可以证明，直接应用最大散度（max divergence）来描述差分隐私定义是可行的。在统计学中，散度（divergence，见 https://en.wikipedia.org/wiki/Divergence_(statistics)）是一种度量两种概率分布差异的方法，而这正是差分隐私定义的基本思想。最大散度是 KL 散度（Kullback-Leibler divergence，见 https://en.wikipedia.org/wiki/kullback-Leibler_divergence）的最坏情况，也是度量概率分布差异最常见的方法之一。两个概率分布 Y 和 Z 的最大散度定义为：

$$D_\infty(Y \| Z) = \max_{S \subseteq \mathrm{Supp}(Y)} \left[\log \frac{\Pr[Y \in S]}{\Pr[Z \in S]} \right] \tag{9.4}$$

此定义从形式上看已经很像 ϵ- 差分隐私的定义了。特别地，可以证明如果

$$D_\infty(F(x) \| F(x')) \leqslant \epsilon \tag{9.5}$$

则 F 满足 ϵ- 差分隐私。

差分隐私的一个有趣研究方向是尝试引入不同类型的散度来构建变种隐私定义。在已有的散度定义中，瑞丽散度（Rényi divergence，见 https://en.wikipedia.org/wiki/Rényi-entropy#Rényi_divergence）尤其有趣，因为我们也可以（像最大散度一样）从瑞丽散度中恢复差分隐私的原始定义。概率分布 P 和 Q 的 α 阶瑞丽散度定义为：

$$D_\alpha\left(P\|Q\right)=\frac{1}{\alpha-1}\log E_{x\sim Q}\left(\frac{P(x)}{Q(x)}\right)^\alpha \tag{9.6}$$

其中 $P(x)$ 和 $Q(x)$ 分别为 P 和 Q 在点 x 处的概率密度。如果我们令 $\alpha=\infty$，则我们可以立即恢复 ϵ- 差分隐私的定义。我们会自然而然地想到这样一个问题：如果我们把 α 设置为别的数会发生什么？我们接下来将看到，使用瑞丽散度可以得到有趣的宽松差分隐私定义，这些定义对于组合定理更加友好，同时可以避免像 (ϵ,δ)- 差分隐私定义那样出现灾难性失败的可能。

9.2 瑞丽差分隐私

2017 年，Ilya Mironov 提出瑞丽差分隐私（Rényi Differential Privacy，RDP，见 [10]，https://arxiv.org/abs/1702.07476）。如果对于所有的邻近数据集 x 和 x'，随机机制 F 满足

$$D_\alpha\left(F(x)\|F(x')\right)\leqslant\bar{\epsilon} \tag{9.7}$$

则称此机制 F 满足 $(\alpha,\bar{\epsilon})$- RDP。换句话说，瑞丽差分隐私要求 $F(x)$ 和 $F(x')$ 的 α 阶瑞丽散度不超过 $\bar{\epsilon}$。请注意，我们将使用 $\bar{\epsilon}$ 表示瑞丽差分隐私的参数 ϵ，以区分 ϵ- 差分隐私和 (ϵ,δ)- 差分隐私中的 ϵ。

瑞丽差分隐私的一个关键性质是，如果一个机制满足瑞丽差分隐私，那么此机制也满足 (ϵ,δ)- 差分隐私。具体而言，如果 F 满足 $(\alpha,\bar{\epsilon})$- 瑞丽差分隐私，那么对于任意给定的 $\delta>0$，F 满足 (ϵ,δ)- 差分隐私，其中 $\epsilon=\bar{\epsilon}+\log(1/\delta)/(\alpha-1)$。分析者可以自由选择 δ 的取值。实际应用中应该选择一个有意义的 δ 值（如令 $\delta\leqslant 1/n^2$）。

实现瑞丽差分隐私的基本机制是高斯机制。具体来说，对于一个 $L2$ 敏感度为

Δf 的函数 $f: \mathcal{D} \to \mathbb{R}^k$，可以按照下述方法构造 $(\alpha, \bar{\epsilon})$- 瑞丽差分隐私机制：

$$F(x) = f(x) + \mathcal{N}(\sigma^2), \sigma^2 = \frac{\Delta f^2 \alpha}{2\bar{\epsilon}} \tag{9.8}$$

我们按照如下方法实现满足瑞丽差分隐私的高斯机制：

```
def gaussian_mech_RDP_vec(vec, sensitivity, alpha, epsilon_bar):
    sigma = np.sqrt((sensitivity**2 * alpha) / (2 * epsilon_bar))
    return [v + np.random.normal(loc=0, scale=sigma) for v in vec]
```

瑞丽差分隐私的主要优势是用高斯机制实现的瑞丽差分隐私满足紧致组合性。同时，组合使用机制时不需要引入特殊的高级组合定理。瑞丽差分隐私的串行组合性为：如果 F_1 满足 $(\alpha, \bar{\epsilon}_1)$- 瑞丽差分隐私，且 F_2 也满足 $(\alpha, \bar{\epsilon}_2)$- 瑞丽差分隐私，则它们的组合机制满足 $(\alpha, \bar{\epsilon}_1 + \bar{\epsilon}_2)$- 瑞丽差分隐私。基于上述串行组合性描述，组合使用 k 次 $(\alpha, \bar{\epsilon})$- 瑞丽差分隐私机制所得到的机制满足 $(\alpha, k\bar{\epsilon})$- 瑞丽差分隐私。当给定噪声等级时（即给定 σ^2 的值时），使用瑞丽差分隐私的串行组合性来限制重复应用高斯机制的隐私消耗量，再将隐私定义转换为 (ϵ, δ)- 差分隐私，这一过程计算得到的总隐私消耗量通常比直接在 (ϵ, δ) 中应用串行组合定理（甚至使用高级组合定理）得到的总隐私消耗量要低得多。

因此，瑞丽差分隐私的基本思想已被广泛应用于近期提出的迭代算法中，大大改善隐私消耗量的计算结果。谷歌的差分隐私 Tensorflow（见 https://github.com/tensorflow/privacy）就使用了瑞丽差分隐私的基本思想。

最后，与其他差分隐私变体一样，瑞丽差分隐私也满足后处理性。

9.3 零集中差分隐私

Mark Bun 和 Thomas Steinke 也考虑了类似的问题。他们于 2016 年提出了零集中差分隐私（zero-Concentrated Differential Privacy，zCDP，见 [11]，https://arxiv.org/abs/1605.02065）。与瑞丽差分隐私相同，零集中差分隐私也是根据瑞丽散度定义的差分隐私变体。不过，零集中差分隐私定义只包含了一个隐私参数（ρ）。如果对于所

有的邻近数据集 x 和 x'，以及所有的 $\alpha \in (1, \infty)$，一个随机机制 F 满足：

$$D_\alpha \big(F(x) \| F(x')\big) \leqslant \rho\alpha \qquad (9.9)$$

则称此随机机制 F 满足 ρ- 零集中差分隐私。零集中差分隐私的定义比瑞丽差分隐私更强，因为零集中差分隐私对瑞丽散度的阶提出了更严格的限制。不过，随着 α 的增大，限制会变得更加宽松。与瑞丽差分隐私相同，也可以把零集中差分隐私转换为 (ϵ, δ)- 差分隐私：如果 F 满足 ρ- 零集中差分隐私，则对于任意给定的 $\delta > 0$，F 满足 (ϵ, δ)- 差分隐私，其中 $\epsilon = \rho + 2\sqrt{\rho\log(1/\delta)}$。

零集中差分隐私和瑞丽差分隐私的另一个相似点在于，也可以使用高斯机制实现零集中差分隐私。具体而言，对于一个 L2 敏感度为 Δf 的函数 $f: \mathcal{D} \to \mathbb{R}^k$，下述机制满足 ρ- 零集中差分隐私：

$$F(x) = f(x) + \mathcal{N}(\sigma^2),\, \sigma^2 = \frac{\Delta f^2}{2\rho} \qquad (9.10)$$

与瑞丽差分隐私一样，很容易实现零集中差分隐私机制：

```
def gaussian_mech_zCDP_vec(vec, sensitivity, rho):
    sigma = np.sqrt((sensitivity**2) / (2 * rho))
    return [v + np.random.normal(loc=0, scale=sigma) for v in vec]
```

零集中差分隐私和瑞丽差分隐私还有一个相似点：当重复使用高斯机制实现零集中差分隐私时，应用串行组合性得到的隐私消耗量也是渐进紧致的。零集中差分隐私的串行组合性描述也非常简单，把各个 ρ 相加即可。具体而言，零集中差分隐私的串行组合性为：如果 F_1 满足 ρ_1- 零集中差分隐私，且 F_2 满足 ρ_2- 零集中差分隐私，则它们的组合机制满足 $(\rho_1 + \rho_2)$- 零集中差分隐私。最后，零集中差分隐私同样满足后处理性。

9.4 不同差分隐私变体的组合性

我们何时需要使用差分隐私变体？我们又应该使用哪个差分隐私变体呢？

当遇到下述情况时，近年来提出的差分隐私变体将显著收紧隐私消耗量的边界。

- 使用高斯机制实现差分隐私（特别是高维向量）。
- 问询算法多次（如成百上千次）使用差分隐私机制。

我们该如何使用瑞丽差分隐私和零集中差分隐私呢？通常，我们先选择差分隐私变体，并应用此变体实现差分隐私算法。随后，我们计算总隐私消耗量，并将计算结果转换回 (ϵ, δ)- 差分隐私，以便与其他算法进行比较。

我们用一个例子来展示使用瑞丽差分隐私和零集中差分隐私的效果。想象一个应用 k 次高斯机制的问询算法。我们固定 σ（即固定 k 轮迭代中每轮高斯机制引入的噪声量）和 δ 的取值，比较每个变体最终组合得到的总隐私消耗量 ϵ。

可以看到，虽然增加了相同的噪声量，但瑞丽差分隐私和零集中差分隐私的串行组合会得到更小的 ϵ（见图 9-3）。由于所有变体都应用了相同的实现机制（即每种情况下增加的噪声类型和噪声量都相同），这意味着瑞丽差分隐私和零集中差分隐私为同一算法提供了更加紧致的隐私消耗量上界。

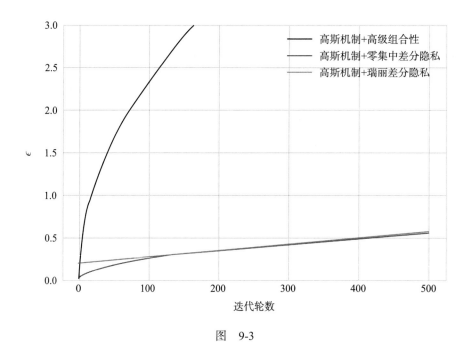

图　9-3

首先要注意的是，无论应用零集中差分隐私还是瑞丽差分隐私，其串行组合性都比应用高级组合性的 (ϵ, δ)- 差分隐私得到的总隐私消耗量要好得多。当使用高斯机制来构造迭代算法时，应该优先考虑使用这些差分隐私变体。

其次要注意的是零集中差分隐私（深灰色曲线）和瑞丽差分隐私（浅灰色曲线）之间的区别。由于瑞丽差分隐私固定了 α，瑞丽差分隐私的 ϵ 会随 k 值的增长而线性增长。与之相比，零集中差分隐私会同时考虑多个 α，因此零集中差分隐私的 ϵ 会随 k 值的增长而次线性增长。两条曲线在某些 k 下会相交，相交点由瑞丽差分隐私选择的 α 决定（当 $\alpha=20$ 时，两条曲线大概在 $k=300$ 时相交）。

上述差异的实际影响在于使用瑞丽差分隐私时必须慎重选择 α 的取值，以得到尽可能紧致的隐私消耗量。通常很容易做到这一点，因为算法本身一般也需要以 α 作为输入参数，因此我们可以简单地测试多个 α 的取值，观察哪个值得到的隐私消耗量 ϵ 最小。因为该测试与数据无关（仅与我们选择的隐私参数和迭代次数有关），我们可以根据需要测试任意数量的 α，这不会增加额外的隐私消耗量。我们只需要测试少量的 α（一般可以令 α 的取值为 2～100）即可找到最小值。这是大多数实际实现中采用的方法。谷歌的差分隐私 Tensorflow 就使用此方法来得到适当的 α。

第 10 章

指数机制

学习目标

阅读本章后，你将能够：

- 定义、实现并应用指数机制和报告噪声最大值机制。
- 描述实际中应用指数机制所面临的挑战。
- 描述指数机制和报告噪声最大值机制的优势。

截至目前，我们学习的基本机制（拉普拉斯机制和高斯机制）针对的都是数值型回复，只需直接在回复的数值结果上增加噪声即可。如果我们想返回一个准确结果（即不能直接在结果上增加噪声），同时还要保证回复过程满足差分隐私，该怎么办呢？一种解决方法是使用指数机制（exponential mechanism，见 [12]）。此机制可以从备选回复集合中选出"最佳"回复的同时，保证回复过程满足差分隐私。分析者需要定义一个备选回复集合。同时，分析者需要指定一个评分函数（scoring function），此评分函数输出备选回复集合中每个回复的分数。分数最高的回复就是最佳回复。指数机制通过返回分数近似最大的回复来实现差分隐私保护。换言之，为了使回复过程满足差分隐私，指数机制返回结果所对应的分数可能不是备选回复集合中分数最高的那个结果。

指数机制满足 ϵ- 差分隐私：

1. 分析者选择一个备选回复集合 $\mathcal{R}$。

2. 分析者指定一个全局敏感度为 Δu 的评分函数 $u : \mathcal{D} \times \mathcal{R} \rightarrow \mathbb{R}$。

3. 指数机制输出 $r \in \mathcal{R}$，各个回复的输出概率与下述表达式成正比：

$$\exp\left(\frac{\epsilon u(x, r)}{2\Delta u}\right) \qquad (10.1)$$

和我们之前学习过的机制（如拉普拉斯机制）相比，指数机制最大的不同点在于它总会输出集合 $\mathcal{R}$ 中的一个元素。当必须从一个有限集合中选择输出结果，或不能直接在结果上增加噪声时，指数机制就会变得非常有用。例如，假设我们要为一个大型会议敲定一个日期。为此，我们获得了每个参会者的日程表。我们想选择一个与尽可能少的参会者有时间冲突的日期来举办会议，同时想通过差分隐私为所有参会者的日程信息提供隐私保护。在这个场景下，在举办日期上增加噪声没有太大意义，增加噪声可能会使日期从星期五变成星期六，显著增加冲突参会者的数量。应用指数机制就可以完美解决此类问题：既不需要在日期上增加噪声，又可以实现差分隐私。

指数机制的有趣之处在于：

- 无论 $\mathcal{R}$ 中包含多少个备选输出，指数机制的隐私消耗量仍然为 ϵ。我们后续将详细讨论这一点。

- 无论 $\mathcal{R}$ 是有限集合还是无限集合，均可应用指数机制。但如果 $\mathcal{R}$ 是无限集合，我们则会面临一个非常有挑战的问题，即如何构造一个实际可用的实现方法。可以遵循适当的概率分布从无限集合中采样得到输出结果。

- 指数机制代表了 ϵ-差分隐私的"基本机制"，通过选择适当的评分函数 u，所有其他的 ϵ-差分隐私机制都可以用指数机制定义。

10.1 有限集合的指数机制

```
options = adult['Marital Status'].unique()

def score(data, option):
```

```
    return data.value_counts()[option]/1000

score(adult['Marital Status'], 'Never-married')
```

```
10.683
```

```
def exponential(x, R, u, sensitivity, epsilon):
    # 计算 R 中每个回复的分数
    scores = [u(x, r) for r in R]

    # 根据分数计算每个回复的输出概率
    probabilities = [np.exp(epsilon * score / (2 * sensitivity)) for score
in scores]

    # 对概率进行归一化处理, 使概率和等于 1
    probabilities = probabilities / np.linalg.norm(probabilities, ord=1)

    # 根据概率分布选择回复结果
    return np.random.choice(R, 1, p=probabilities)[0]

exponential(adult['Marital Status'], options, score, 1, 1)
```

```
'Married-civ-spouse'
```

```
r = [exponential(adult['Marital Status'], options, score, 1, 1) for i in
range(200)]
pd.Series(r).value_counts()
```

```
Married-civ-spouse    185
Never-married          15
dtype: int64
```

10.2　报告噪声最大值

我们能用拉普拉斯机制实现指数机制吗? 当 $\mathcal{R}$ 为有限集合时, 指数机制的基本思想是使从集合中选择元素的过程满足差分隐私。我们可以应用拉普拉斯机制给出此基本思想的一种朴素实现方法：

1. 对于每个 $r \in \mathcal{R}$，计算噪声分数 $u(x, r) + \text{Lap}\left(\dfrac{\Delta u}{\epsilon}\right)$。

2. 输出噪声分数最大的元素 $r \in \mathcal{R}$。

因为评分函数 u 在 x 下的敏感度为 Δu，所以步骤 1 中的每次"问询"都满足 ϵ- 差分隐私。因此，如果 $\mathcal{R}$ 包含 n 个元素，根据串行组合性，上述算法满足 $n\epsilon$- 差分隐私。

然而，如果我们使用指数机制，则总隐私消耗量将只有 ϵ。为什么指数机制效果如此之好？原因是指数机制泄露的信息更少。

对于上述定义的拉普拉斯机制的实现方法，我们的隐私消耗量分析过程是非常严苛的。实际上，步骤 1 中计算整个集合噪声分数的过程满足 $n\epsilon$- 差分隐私，因此我们可以发布得到的所有噪声分数。我们应用后处理性得到步骤 2 的输出满足 $n\epsilon$- 差分隐私。

与之相比，指数机制仅发布最大噪声分数对应的元素，但不发布最大噪声分数本身，也不会发布其他元素的噪声分数。

上述定义的算法通常被称为报告噪声最大值（report noisy max）算法。实际上，因为此算法只发布最大噪声分数对应的回复，所以无论集合 $\mathcal{R}$ 包含多少个备选回复，此算法都满足 ϵ- 差分隐私。可以在 Dwork 和 Roth 的论文（见 [13]，https://www.cis.upenn.edu/~aaroth/Papers/privacybook.pdf）的断言 3.9 中找到相应的证明。

报告噪声最大值算法的实现方法非常简单，而且很容易看出，此算法得到的回复结果与之前我们实现的有限集合指数机制非常相似。

```
def report_noisy_max(x, R, u, sensitivity, epsilon):
    # 计算 R 中每个回复的分数
    scores = [u(x, r) for r in R]

    # 为每个分数增加噪声
    noisy_scores = [laplace_mech(score, sensitivity, epsilon) for score in scores]

    # 找到最大分数对应的回复索引号
```

```
     max_idx = np.argmax(noisy_scores)

     # 返回此索引号对应的回复
     return R[max_idx]

report_noisy_max(adult['Marital Status'], options, score, 1, 1)
```

```
'Married-civ-spouse'
```

```
r = [report_noisy_max(adult['Marital Status'], options, score, 1, 1) for i in
range(200)]
pd.Series(r).value_counts()
```

```
Married-civ-spouse    196
Never-married           4
dtype: int64
```

因此，当 $\mathcal{R}$ 为有限集合时，可以用报告噪声最大值机制代替指数机制。但如果 $\mathcal{R}$ 为无限集合呢？我们无法简单地为无限集合中每一个元素对应的分数增加拉普拉斯噪声。当 $\mathcal{R}$ 为无限集合时，我们不得不使用指数机制。

然而，实际应用中，在无限集合上应用指数机制通常是极具挑战性的，甚至是不可能的。尽管可以很容易写出无限集合下指数机制定义的概率密度函数，但一般来说对应的高效采样算法是不存在的。因此，很多理论论文会应用指数机制证明"存在"满足某些特定性质的差分隐私算法，但多数算法在实际中都是不可用的。

10.3 将指数机制作为差分隐私的基本机制

我们已经知道，无法使用拉普拉斯机制与串行组合性来实现指数机制。这是因为当使用拉普拉斯机制与串行组合性时，我们可以得到差分隐私保护的所有噪声分数，但我们想实现的差分隐私算法不需要发布这些噪声分数。那么，反过来又如何呢？我们可以应用指数机制实现拉普拉斯机制吗？事实证明，这是可以做到的。

考虑一个敏感度为 Δq 的问询函数 $q(x)：\mathcal{D}\rightarrow\mathbb{R}$。我们可以在真实回复值上增

加拉普拉斯噪声 $F(x) = q(x) + \text{Lap}(\Delta q/\epsilon)$，以得到满足 ϵ-差分隐私的回复结果。差分隐私回复 q 的概率密度函数为：

$$\Pr\big[F(x)=r\big] = \frac{1}{2b}\exp\left(-\frac{|r-\mu|}{b}\right) \tag{10.2}$$

$$= \frac{\epsilon}{2\Delta q}\exp\left(-\frac{\epsilon|r-q(x)|}{\Delta q}\right) \tag{10.3}$$

考虑一下，当我们将指数机制的评分函数设置为 $u(x, r) = -2|q(x) - r|$ 时会发生什么？指数机制的定义告诉我们，每个回复值的采样概率应该与下述表达式成正比：

$$\Pr\big[F(x)=r\big] = \exp\left(\frac{\epsilon u(x, r)}{2\Delta u}\right) \tag{10.4}$$

$$= \exp\left(\frac{\epsilon(-2)|q(x)-r|}{2\Delta q}\right) \tag{10.5}$$

$$= \exp\left(-\frac{\epsilon|r-q(x)|}{\Delta q}\right) \tag{10.6}$$

因此，可以应用指数机制实现拉普拉斯机制，并得到相同的概率分布（两个概率分布可能会相差一个常数因子，这是因为指数机制的通用分析结论不一定在所有情况下都是紧致的）。

指数机制非常具有普适性。一般情况下，通过精心选择评分函数 u，我们可以用指数机制重定义任何 ϵ-差分隐私机制。只要我们可以分析出该评分函数的敏感度，我们就可以轻松证明相应机制满足差分隐私。

另一方面，指数机制之所以具有普适性，是因为其通用分析方法得到的隐私消耗量边界可能会更宽松一些（就像前面给出的拉普拉斯例子那样）。此外，用指数机制定义的差分隐私机制一般都比较难实现。指数机制通常用于证明理论下界（即证明差分隐私算法的存在性）。在实际中，一般会使用一些其他的算法来复现指数机制（如前面描述的输出噪声最大值例子）。

第 11 章

稀疏向量技术

学习目标

阅读本章后，你将能够：

- 描述稀疏向量技术，以及使用此技术的原因。
- 定义和实现高于阈值算法。
- 在迭代算法中应用稀疏向量技术。

我们已经学习了一个很有代表性的机制——指数机制。指数机制通过隐瞒一部分信息来获得低于预期的隐私消耗量。还有其他类似的方法吗？

当然还有类似的方法——稀疏向量技术（Sparse Vector Technique，SVT，见[14]）。实际应用已证明稀疏向量技术可以非常有效地节省隐私消耗量。稀疏向量技术适用于在数据集上执行敏感度为 1 的问询流。此技术只发布问询流中第一个通过测试的问询索引号，而不发布其他任何信息。稀疏向量技术的优势在于，无论总共收到了多少问询，此机制消耗的总隐私消耗量都是固定的。

11.1 高于阈值算法

稀疏向量技术最基础的实例是高于阈值（above threshold）算法，详见 Dwork

和 Roth 的论文（见 [13]，https://www.cis.upenn.edu/~aaroth/Papers/privacybook.pdf）中的算法 1。算法输入敏感度为 1 的问询流、数据集 D、阈值 T，以及隐私参数 ϵ，算法满足 ϵ- 差分隐私。算法的 Python 实现如下所述。

```python
import random

# 满足 ε - 差分隐私
def above_threshold(queries, df, T, epsilon):
    T_hat = T + np.random.laplace(loc=0, scale = 2/epsilon)
    for idx, q in enumerate(queries):
        nu_i = np.random.laplace(loc=0, scale = 4/epsilon)

        if q(df) + nu_i >= T_hat:
            return idx
    return random.randint(0,len(queries)-1)

def above_threshold_fail_signal(queries, df, T, epsilon):
    T_hat = T + np.random.laplace(loc=0, scale = 2/epsilon)

    for idx, q in enumerate(queries):
        nu_i = np.random.laplace(loc=0, scale = 4/epsilon)
        if q(df) + nu_i >= T_hat:
            return idx
    # 返回一个无效的问询索引号
    return None
```

高于阈值算法（近似）返回 queries 中回复结果超过阈值的第一个问询对应的索引号。该算法之所以满足差分隐私，是因为算法有可能返回错误的索引号，索引号对应的问询回复结果有可能未超过给定阈值，索引号对应的问询有可能不是第一个回复结果超过阈值的问询。

高于阈值算法的工作原理如下。首先，算法生成一个噪声阈值 That。然后，算法比较噪声问询回复（q(i) + nu_i）与噪声阈值。最后，算法返回第一个噪声问询回复大于噪声阈值的问询索引号。

尽管此机制会计算多个问询的回复结果，但该算法的隐私消耗量仅为 ϵ。这个结论或多或少会令人感到惊讶。与之对比，该算法的一种可能的朴素实现方法是先计算所有问询的噪声回复结果，再选择高于阈值的第一个问询索引号。

```
# 满足 |queries|*ε- 差分隐私
def naive_above_threshold(queries, df, T, epsilon):
    for idx, q in enumerate(queries):
        nu_i = np.random.laplace(loc=0, scale = 1/epsilon)
        if q(df) + nu_i >= T:
            return idx
    return None
```

当问询总数量为 n 时，根据串行组合性，该朴素实现可以满足 $n\epsilon$- 差分隐私。

为什么高于阈值的效果会如此好呢？正如我们在指数机制中看到的那样，串行组合性允许高于阈值发布比实际所需更多的信息。特别地，该算法的朴素实现允许发布每一个（而不仅仅是第一个）超过阈值的问询索引号，也允许额外发布噪声问询回复本身。即便额外发布了这么多信息，朴素实现依然可以满足 $n\epsilon$- 差分隐私。高于阈值可以隐瞒所有这些额外的信息，从而得到更加紧致的隐私消耗量。

11.2 应用稀疏向量技术

当我们想执行很多不同的问询，但我们只关心其中一个问询（或一小部分问询）的回复结果时，稀疏向量技术就有很大的用武之地了。实际上，之所以叫稀疏向量技术，正是因为此技术的适用场景：问询向量越稀疏（即大多数回复结果不会超过阈值），此技术作用最大。

在前面提到的场景中，我们已经有了一个完美的适用场景：选择求和问询的裁剪边界。之前，我们实现的方法类似高于阈值的朴素实现：获得多个不同的裁剪边界后，分别计算噪声裁剪边界，并选择一个尽可能低且不会导致最终回复结果改变太大的一个裁剪边界。

我们可以通过使用稀疏向量技术获得更好的效果。考虑这样一个问询，此问询首先对数据集中每个人的年龄进行裁剪，再对裁剪结果求和：

```
def age_sum_query(df, b):
    return df['Age'].clip(lower=0, upper=b).sum()
```

```
age_sum_query(adult, 30)
```

```
913809
```

为 b 选择一个最好的值的朴素算法是获取多个满足差分隐私的 b，返回使求和结果不再增大的最小值。

```
def naive_select_b(query, df, epsilon):
    bs = range(1, 1000, 10)
    best = 0
    threshold = 10
    epsilon_i = epsilon / len(bs)

    for b in bs:
        r = laplace_mech(query(df, b), b, epsilon_i)

        # 如果新的求和结果与旧的求和结果很接近，则停止
        if r - best <= threshold:
            return b
        # 否则，将 "最佳" 求和结果更新为当前求和结果
        else:
            best = r

    return bs[-1]

naive_select_b(age_sum_query, adult, 1)
```

```
121
```

我们可以在这里使用稀疏向量技术吗？我们只关心一件事：当 age_sum_query(df, b) 停止增加时 b 的值。然而，age_sum_query(df, b) 的敏感度等于 b，因为增加或移除 df 中的一列会至多使求和结果改变 b。要想使用稀疏向量技术，我们需要构建敏感度为 1 的问询流。

实际上，我们真正关心的是求和结果在特定 b 的取值下是否会变化（即 age_sum_query(df, b) - age_sum_query(df, b + 1) 是否足够小）。考虑一下，如果我们向 df 增加一行数据会发生什么：问询中第一部分 age_sum_query(df,

b) 的结果会增加 b，但问询中第二部分 age_sum_query(df, b + 1) 的结果也会增加，只不过增加了 $b+1$。因此，敏感度实际上为 $|b-(b+1)|=1$。这意味着此问询的敏感度为 1，满足稀疏向量技术的要求。随着 b 的值趋近于最优值，问询中两部分的差值将趋近于 0，如图 11-1 所示。

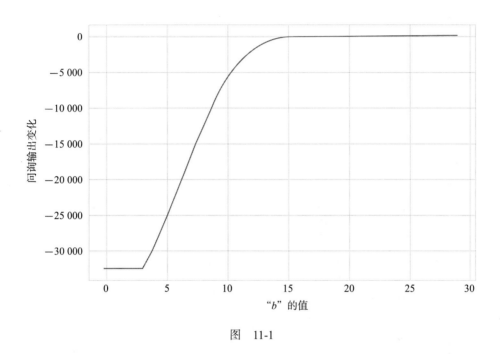

图　11-1

根据这一观察结论，我们来定义一个求和差问询流，并基于稀疏向量技术，应用高于阈值确定 b 的最佳取值的问询索引号。

```python
def create_query(b):
    return lambda df: age_sum_query(df, b) - age_sum_query(df, b + 1)

bs = range(1,150,5)
queries = [create_query(b) for b in bs]
epsilon = .1

bs[above_threshold(queries, adult, 0, epsilon)]
```

请注意，备选 bs 的列表有多长并不重要。无论此列表有多长，我们都能获得准确的结果（并消耗相同的隐私预算）。稀疏向量技术真正的强大之处在于，它消除了隐私消耗量与所执行问询数量的依赖关系。尝试改变上述 bs 的备选范围后重新运行此机制，可以得到图 11-2。我们可以看到，机制的输出结果不依赖 b 的数量。即使备选列表中包含上千个元素，我们仍将得到准确的结果。

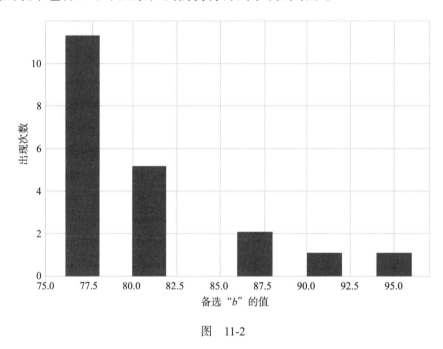

图　11-2

我们可以使用稀疏向量技术构建可自动计算裁剪参数的求和问询算法（也可以构建对应的均值问询算法）。

```
def auto_avg(df, epsilon):
    def create_query(b):
        return lambda df: df.clip(lower=0, upper=b).sum() - df.clip
(lower=0, upper=b+1).sum()

    # 构造问询流
    bs = range(1,150000,5)
    queries = [create_query(b) for b in bs]

    # 使用 1/3 的隐私预算执行 AboveThreshold，得到一个好的裁剪参数
    epsilon_svt = epsilon / 3
```

```
    final_b = bs[above_threshold(queries, df, 0, epsilon_svt)]

    # 分别使用 1/3 的隐私预算来获得噪声求和值与噪声计数值
    epsilon_sum = epsilon / 3
    epsilon_count = epsilon / 3

    noisy_sum = laplace_mech(df.clip(lower=0, upper=final_b).sum(),
final_b, epsilon_sum)
    noisy_count = laplace_mech(len(df), 1, epsilon_count)

    return noisy_sum/noisy_count

auto_avg(adult['Age'], 1)
```

```
38.61143249756207
```

该算法调用了三次差分隐私机制，一次 AboveThreshold，两次拉普拉斯机制，每个机制消耗 $\frac{1}{3}\epsilon$ 的隐私预算。根据串行组合性，此算法满足 ϵ- 差分隐私。由于我们可自由测试 b 更大可能的取值范围，因此我们能够对不同尺度的数据使用相同的 auto_avg 函数。例如，我们可以在资本收益列上使用 auto_avg 函数。要知道，资本收益列的数据尺度与年龄列有很大的区别。

```
auto_avg(adult['Capital Gain'], 1)
```

```
1073.3153976795852
```

请注意，这需要运行非常长的时间。因为资本收益列的尺度要大得多，我们需要尝试非常多的 b 值才能找到最好的那一个。我们可以通过增加步长（我们的实现代码使用的步长是 5）或利用指数尺度来构建 b 的列表，以节省计算开销。

11.3　返回多个问询结果

在上述应用场景中，我们只需要得到第一个超过阈值的问询索引号。但在其他的一些应用场景中，我们可能想要找到所有超过阈值的问询索引号。

我们也可以使用稀疏向量技术实现这一点，但代价是我们必须消耗更高的隐私预算。我们可以实现 sparse（稀疏）算法（详见 Dwork 和 Roth 的论文中的算法 2，见 [13]，https://www.cis.upenn.edu/~aaroth/Papers/privacybook.pdf）来完成该任务。实现方法非常简单：

1. 从问询流 $qs = \{q_1, \cdots, q_k\}$ 开始。

2. 在问询流 qs 上执行高于阈值算法，得到第一个超过阈值的问询索引号 i。

3. 使用 $qs = \{q_{i+1}, \cdots, q_k\}$（即问询流的剩余部分）重启算法（转到步骤 1）。

如果算法调用 n 次高于阈值算法，每次调用的隐私参数为 ϵ，则根据串行组合性，此算法满足 $n\epsilon$- 差分隐私。如果想在给定的总隐私预算下执行算法，我们就需要限制 n 的大小。也就是说，sparse 算法可以要求分析者最多调用 c 次高于阈值算法。

```python
def sparse(queries, df, c, T, epsilon):
    idxs = []
    pos = 0
    epsilon_i = epsilon / c

    # 如果我们执行完问询流中的所有问询，或者我们找到了 c 个超过阈值的问询回复，则停止
    while pos < len(queries) and len(idxs) < c:
        # 执行 AboveThreshold，寻找下一个超过阈值的问询回复
        next_idx = above_threshold_fail_Signal(queries[pos:], df, T,
epsilon_i)

        # 如果 AboveThreshold 执行完了最后一个问询，则返回所有超过阈值的问询索引号
        if next_idx == None:
            return idxs

        # 否则，更新 pos，使其指向问询流中剩余的问询
        pos = next_idx+pos
        # 更新 idxs，添加 AboveThreshold 找到的问询索引号
        idxs.append(pos)
        # 移动到问询流中的下一个问询
        pos = pos + 1

    return idxs
```

```
epsilon = 1
sparse(queries, adult, 3, 0, epsilon)
[18, 21, 22]
```

根据串行组合性，`sparse` 算法满足 ϵ- 差分隐私（每次消耗 $\epsilon_i = \epsilon/c$ 的隐私预算来调用高于阈值算法）。在 Dwork 和 Roth 的算法描述中，每次调用高于阈值算法都将消耗相应的隐私预算 ϵ_i。他们进一步使用高级组合性，使总隐私预算为 ϵ（也可以在此使用零集中差分隐私或瑞丽差分隐私的组合性）。

11.4 应用：范围问询

范围问询（range query）要问的是：“数据集中有多少行的值落在范围 (a, b) 中？”范围问询是一种计数问询，因此其敏感度为 1。我们不能对一组范围问询使用并行组合性，因为满足相应问询条件的数据行可能会有重叠。

考虑一组针对年龄列的范围问询（即问询形式为“有多少人的年龄在 a 和 b 之间？”）。我们可以随机生成很多这样的问询：

```
def age_range_query(df, lower, upper):
    df1 = df[df['Age'] > lower]
    return len(df1[df1['Age'] < upper])

def create_age_range_query():
    lower = np.random.randint(30, 50)
    upper = np.random.randint(lower, 70)
    return lambda df: age_range_query(df, lower, upper)

range_queries = [create_age_range_query() for i in range(10)]
results = [q(adult) for q in range_queries]
results
```

```
[4640, 12634, 10130, 3674, 14039, 816, 6551, 0, 3674, 3518]
```

这些范围问询的回复结果可能相差甚远。部分问询范围可能只会匹配很少的数据行（甚至匹配不了任何数据行），对应的计数值很小。然而，另一部分问询范围可能会匹配大量的数据行，对应的计数值很大。在多数情况下，我们知道小计数值的差分隐私回复结果会很不准确，得到这些问询结果的实际意义不大。我们想要做的是了解哪些问询的结果是有价值的，并仅为这些有价值的问询结果支付隐私预算。

我们可以使用稀疏向量技术实现这一点。首先，我们确定一个阈值，并得到范围问询流中回复结果超过此阈值的问询索引号。我们认为这些问询都是"有价值的"问询。随后，我们应用拉普拉斯机制得到这些有价值问询的差分隐私回复结果。这样一来，总隐私预算与超过阈值的问询数量成正比，而非与总问询数量成正比。如果我们预计只有少数问询的回复结果会超过阈值，则所需的总隐私预算会小得多。

```python
def range_query_svt(queries, df, c, T, epsilon):
    # 首先，执行 sparse，得到 " 有价值的 " 问询
    sparse_epsilon = epsilon / 2
    indices = sparse(queries, adult, c, T, sparse_epsilon)

    # 所有，为每个 " 有价值的 " 问询执行拉普拉斯机制
    laplace_epsilon = epsilon / (2*c)
    results = [laplace_mech(queries[i](df), 1, laplace_epsilon) for i in
indices]
    return results
```

```
range_query_svt(range_queries, adult, 5, 10000, 1)
[12605.826637490505, 10119.093018138914, 14026.551280367026]
```

在此算法的实现中，我们使用一半的隐私预算来确定高于阈值 10 000 的前 c 个问询，另一半隐私预算则用于获取这些问询的噪声回复结果。如果高于阈值的问询数量远小于总问询数量，使用此方法就可以获得更准确的回复结果。

第 12 章

算法设计练习

12.1　需要考虑的问题

- 一共需要多少次问询？我们可以使用哪种组合定理？
  - 可以使用并行组合性吗？
  - 我们应该使用串行组合性？高级组合性？还是差分隐私变体？
- 我们可以使用稀疏向量技术吗？
- 我们可以使用指数机制吗？
- 我们应该如何分配隐私预算？
- 如果敏感度无上界，该如何限制敏感度的上界？
- 使用合成数据会带来帮助吗？
- 后处理性有助于"降噪"吗？

12.2　更普适的采样 – 聚合算法

设计一个变种采样 – 聚合算法，使其不需要分析者指定问询函数 f 的输出范围。

思路。首先，使用稀疏向量技术找到适用于整个数据集的 $f(x)$ 上界和下界。由于 $clip(f(x), lower, upper)$ 是一个敏感度有上界的问询，我们可以在此问询上应用稀疏向量技术。随后，基于得到的上界和下界使用采样 – 聚合算法。

12.3 汇总统计

设计一种算法来生成满足差分隐私的下述统计数据：

- 均值：$\mu = \dfrac{1}{n} \sum_{i=1}^{n} x_i$。

- 方差：$var = \dfrac{1}{n} \sum_{i=1}^{n} (x_i - \mu)^2$。

- 标准差：$\sigma = \sqrt{\dfrac{1}{n} \sum_{i=1}^{n} (x_i - \mu)^2}$。

思路。

均值

1．使用稀疏向量技术找到裁剪边界的上界和下界。

2．计算噪声求和值与噪声计数值，再应用后处理性得到均值。

方差

1．将方差问询拆分为一个计数问询（并计算得到 $1/n$，我们可以从计算均值问询的过程中得到计数问询的结果）与一个求和问询。

2．$\sum_{i=1}^{n} (x_i - \mu)^2$ 的敏感度是什么？是 b^2。我们可以裁剪并计算 $\sum_{i=1}^{n} (x_i - \mu)^2$，然后根据后处理性与 1 中得到的结果相乘。

标准差

只需计算方差的平方根，其中涉及的全部问询为：

- 裁剪下界（稀疏向量技术）。
- 裁剪上界（稀疏向量技术）。
- 噪声求和（均值）。
- 噪声计数。
- 噪声求和（方差）。

12.4 频繁项

谷歌的 RAPPOR 系统（见 [15]）用于统计谷歌浏览器用户最常设置的主页是什么。请设计下述算法：

- 给定基于流量统计得到的 10 000 个最受欢迎的网页列表。
- 从这 10 000 个最受欢迎的网页中确定前 10 个最受欢迎的主页。

思路。使用并行组合性，获取加噪后排名前 10 的主页。

12.5 分层查询

设计一种为美国人口普查信息生成汇总统计结果的算法。算法应该能按下述层次从低到高的层次输出相应的人口统计结果：

- 人口普查区。
- 城市 / 乡镇。
- 邮编。
- 国家。
- 洲。
- 美国。

思路。

思路 1。使用并行组合性，只计算最低层次（人口普查区）的人口统计结果。将所有区域的计数结果相加，得到各个城市的人口统计结果，以此类推，得到所有统计结果。优势：隐私预算低。

思路 2。计算所有层次的计数结果，分别对每一层使用并行组合性，根据真实数据调整预算分配。优势：对于较低层，我们可以得到更准确的统计结果。

思路 3。和思路 2 一样，但应用后处理性，基于更高层的计数结果重新缩放较低层的计数结果，将缩放后的（浮点数）结果截断为整数，将负数设置为 0。

12.6 一系列范围问询

设计一种算法来准确回答一系列范围问询。这些范围问询都是针对某一个数据表的问询："有多少行数据的值在 a 和 b 之间？"（即特定取值范围的数据行数。）

12.6.1 第 1 部分

这一系列范围问询是已经预先确定的、数量有限的、形式为：$\{(a_1, b_1), \cdots, (a_k, b_k)\}$ 的问询序列。

12.6.2 第 2 部分

这一系列范围问询序列的长度 k 是预先确定的，但是问询以流方式执行，每一个问询必须在执行时就给出回复。

12.6.3 第 3 部分

范围问询序列可能是无限长的。

思路。

根据串行组合性，依次执行每一个问询。

对于第 1 部分，我们可以引入 $L2$ 敏感度，从而引入高斯机制。当 k 很大时，高斯噪声的应用效果会更好。或者，我们可以构造合成数据：

- 为每个问询范围 $(i, i+1)$ 计算一个计数值（这样就可以应用并行组合性了）。这就是所谓的合成数据表示法。我们可以将直方图中落在指定问询区间内的所有分段计数结果相加，从而回答无穷多的范围问询。
- 对于第 2 部分，使用稀疏向量技术。

使用稀疏向量技术，对于问询流中的每个问询，查看真实数据回复结果与合成数据回复结果之间的差值。如果差值较大，则问询一次真实数据，得到（应用并行组合性，得到直方图形式的）回复结果，并更新合成数据。否则，给出合成数据的回复结果。这样一来，只有当需要更新合成数据时，我们才需要消耗隐私预算。

第 13 章

机器学习

学习目标

阅读本章后，你将能够：

- 描述和实现基础梯度下降算法。
- 使用高斯机制实现差分隐私梯度下降。
- 裁剪梯度，保证任意损失函数都可实现差分隐私保护。
- 描述噪声给训练过程带来的影响。

本章我们将探索如何构建差分隐私学习分类器。我们将重点关注一类特定的监督学习问题：给定一组带标签的训练样本 $\{(x_1, y_1), \cdots, (x_n, y_n)\}$，其中 x_i 称为特征向量，y_i 称为标签，我们要训练一个模型 θ。该模型可以预测没有在训练集中出现过的新特征向量对应的标签。一般来说，每个 x_i 都是一个描述训练样本特征的实数向量，而 y_i 是从预先定义好的类型集合中选取的，每个类型一般用一个整数来表示。我们预先要从全部样本中提取所有可能的类型，构成类型集合。二分类器的类型集合应包含两个类型（一般分别用 1 和 0，或 1 和 −1 表示）。

13.1 使用 scikit-learn 实现逻辑回归

训练模型时，我们从所有可用的数据中选择一些数据来构造一组训练样本（如前所述），但我们也会留出一些数据作为测试样本。一旦训练完模型，我们肯定想要知道该模型在非训练样本上的表现如何。如果一个模型在未知的新样本上表现很好，我们称其泛化能力很好。一个泛化能力不足的模型，我们称其在训练数据上发生了过拟合。

我们使用测试样本来测试模型的泛化能力。由于我们事先已知测试样本的标签，因此可以让模型对每个测试样本进行分类，并比较预测标签和真实标签的结果，以测试模型的泛化能力。我们将把数据集切分为训练集和测试集。训练集包含 80% 的样本，而测试集包含其余 20% 的样本。

构建一个二分类器的简单方法是使用逻辑回归（logistic regression）。scikit-learn 库包含了一个实现逻辑回归的内置模块，名为 LogisticRegression。通过调用此内置模块，很容易应用我们的数据构建二分类模型。

```
from sklearn.linear_model import LogisticRegression
model = LogisticRegression().fit(X_train[:1000],y_train[:1000])
model
```

```
LogisticRegression()
```

接下来，我们可以使用模型的 predict 方法预测测试集的标签。

```
model.predict(X_test)
```

```
array([-1., -1., -1., ..., -1., -1., -1.])
```

我们的模型预测对了多少个测试样本呢？我们可以比较预测标签和真实标签的结果。用预测正确的标签数量除以测试样本总数，就可以计算出测试样本的预测准确率。

```
np.sum(model.predict(X_test) == y_test)/X_test.shape[0]
```

```
0.8243034055727554
```

我们的模型对测试样本的标签预测准确率为 82%。对该数据集来说，这是一个相当不错的预测准确率。

13.2 模型是什么

模型到底是什么？它是如何编码预测所用信息的？

有很多种不同类型的模型。这里我们要探讨的是线性模型（linear model）。给定一个包含 k 维特征向量 $x_1, \cdots, x_k$ 的无标签样本，线性模型预测此样本的标签时，将计算

$$w_1 x_1 + \cdots + w_k x_k + \text{bias} \tag{13.1}$$

并用此值的符号作为预测标签（如果此值为负数，则预测结果为 -1；如果此值为正数，则预测结果为 1）。

这个模型可以用一个由 $w_1, \cdots, w_k$ 和 bias 组成的向量来表示。之所以称该模型是线性模型，是因为模型在预测时要计算一个 1 次多项式（即线性多项式）的值。$w_1, \cdots, w_k$ 通常被称为模型的权重或系数，bias 则被称为偏差项或截距。

这实际上也是 scikit-learn 表示逻辑回归模型的方式。我们可以使用模型的 coef_ 属性来查看训练得到的模型权重：

```
model.intercept_[0], model.coef_[0]
```

注意，权重 w_i 的数量和特征 x_i 的数量总是一致的，因为模型在预测时需要将各个特征和其对应的权重相乘。这也意味着我们模型的维度和特征向量的维度完全相同。

有了获得权重和偏差项的方法后，我们就可以实现自己的预测函数了：

```
# 预测：以模型（theta）单一样本（xi）为输入，返回预测标签
def predict(xi, theta, bias=0):
    label = np.sign(xi @ theta + bias)
    return label

np.sum(predict(X_test, model.coef_[0], model.intercept_[0]) == y_test)/X_
test.shape[0]
```

```
0.8243034055727554
```

这里我们将偏差项设置为可选参数，因为在大多数情况下，无偏差项模型的预测效果已经足够好了。为了简化模型训练的整个过程，后续我们先不考虑训练偏差项。

13.3   使用梯度下降训练模型

训练过程究竟是如何进行的呢？ scikit-learn 库实现了一些非常复杂的算法，但我们也可以通过实现一个简单的算法来实现同等的效果。此算法称为梯度下降（gradient descent）。

大多数机器学习训练算法要根据所选择的损失函数（loss function）来定义。损失函数是一种衡量模型预测结果有多"差"的方法。训练算法的目标是使损失函数达到最小值。换句话说，损失值低的模型具有更好的预测能力。

机器学习社区已经提出了多种不同的常用损失函数。对于每个预测正确的样本，简单的损失函数直接返回 0。对于每个预测错误的样本，损失函数直接返回 1。损失值为 0 意味着模型可以正确预测出每个样本的标签。二分类器中较为常用的损失函数为对率损失（logistic loss）。对率损失帮助我们度量模型"还有多远的距离"才能正确预测出标签（与简单地输出 0 和 1 相比，对率损失可以提供更多的信息）。

下述 Python 代码实现了对率损失函数：

```
# 损失函数用于衡量我们的模型有多好。训练目标是最小化损失值
# 这是对率损失函数
```

```
def loss(theta, xi, yi):
    exponent = - yi * (xi.dot(theta))
    return np.log(1 + np.exp(exponent))
```

我们可以使用损失函数衡量指定模型的效果。让我们用权重全为 0 的模型来试一试。该模型大概率效果不佳，但我们可以把此模型作为起点，逐步训练出更好的模型。

```
theta = np.zeros(X_train.shape[1])
loss(theta, X_train[0], y_train[0])
```

```
0.6931471805599453
```

一般来说，通过简单地计算所有训练样本的平均损失值，我们就可以测量出模型在整个训练集上有多好。当模型的权重全为 0 时，所有样本全部预测错误，整个训练集的平均损失值刚好等于我们前面计算得到的单个样本损失值。

```
np.mean([loss(theta, x_i, y_i) for x_i, y_i in zip(X_train, y_train)])
```

```
0.6931471805599453
```

我们训练模型的目标是最小化损失值。这里的关键问题是：我们如何修改模型才能降低损失值呢？

　　梯度下降是一种根据梯度（见 https://en.wikipedia.org/wiki/Gradient）更新模型以降低损失值的方法。梯度就像一个多维导数，对于一个有着多维输入的函数（例如我们前面提到的损失函数），梯度告诉我们每个维度输入的变化会在多大程度上影响函数输出的变化。如果某一维度的梯度为正，意味着一旦我们增加该维度的模型权重，函数输出值将变大。我们想要降低损失值，因此我们应该用负梯度来修改模型，即做与梯度相反的事情。由于我们沿梯度的相反方向修改模型，因此这一过程称为梯度下降。

　　经过多次迭代并重复执行此下降过程后，我们会越来越接近最小化损失值的模型。这就是梯度下降的整个过程。让我们来看看梯度下降算法在 Python 下的运行效果。首先，我们定义梯度函数。

```
# 这是对率损失函数的梯度
# 梯度是一个表示各个方向损失变化率的向量
def gradient(theta, xi, yi):
    exponent = yi * (xi.dot(theta))
    return - (yi*xi) / (1+np.exp(exponent))
```

13.3.1　单步梯度下降

接下来，我们来单步执行一次梯度下降。我们将训练集中的一个样本输入到 gradient（梯度）函数中，得到此样本的梯度值。梯度值可以为我们提供足够的信息来改善模型。我们在当前模型 theta 上减去得到的梯度，以实现梯度"下降"。

```
# 如果我们想把我们向梯度的反方向移动一步（即减去梯度值）
# 我们应该让 theta 向损失值 " 变小 " 的方向移动
# 这就是单步梯度下降。我们在每一步都要尝试 " 降低 " 梯度
# 在这个例子中，我们只计算了训练集中（第一个）样本的梯度
theta = theta - gradient(theta, X_train[0], y_train[0])
theta
```

现在，如果我们以相同的训练样本为输入调用 predict 函数，模型就可以正确预测此样本的标签了。我们的模型更新方法确实提高了模型的预测能力，因为更新后的模型已经具备分类此样本的能力了。

```
y_train[0], predict(theta, X_train[0])
```

```
(-1.0, -1.0)
```

我们需要多次度量模型的准确性。为此，我们定义一个用于度量准确性的辅助函数。它的工作方式和 scikit-learn 模型的准确性度量方式相同。我们可以用这个函数度量经过单个样本梯度下降后所得到的模型 theta，看看新模型在测试集的效果怎么样。

```
def accuracy(theta):
    return np.sum(predict(X_test, theta) == y_test)/X_test.shape[0]
```

```
accuracy(theta)
```

```
0.7585139318885449
```

我们改善后的模型现在可以正确预测测试集中 75% 的标签。这是一个很大的进步，我们大大改善了模型的预测效果。

13.3.2　梯度下降算法

我们需要进一步对算法的两个部分进行改进，从而最终实现基础梯度下降算法。第一，我们前面的单步梯度下降仅使用了训练数据中的单个样本。我们希望用整个训练集来更新模型，从而改善模型在所有样本上的预测效果。第二，我们需要执行多次迭代，尽可能让损失值达到最小。

对于第一个改进点，我们可以计算所有训练样本的平均梯度，以替代单步梯度下降中的单样本梯度。我们用下述实现的 avg_grad（平均梯度）函数来计算所有训练样本和对应标签的平均梯度。

```python
def avg_grad(theta, X, y):
    grads = [gradient(theta, xi, yi) for xi, yi in zip(X, y)]
    return np.mean(grads, axis=0)

avg_grad(theta, X_train, y_train)
```

对于第二个改进点，我们定义一个可以多次执行梯度下降的迭代算法。

```python
def gradient_descent(iterations):
    # 我们用 " 猜测 " 的一个模型参数 ( 权重全为 0 的模型 ) 进行初始化
    theta = np.zeros(X_train.shape[1])

    # 应用训练集迭代执行梯度下降步骤
    for i in range(iterations):
        theta = theta - avg_grad(theta, X_train, y_train)

    return theta
```

```
theta = gradient_descent(10)
accuracy(theta)
```

```
0.7787483414418399
```

经过 10 轮迭代后，我们的模型几乎达到 78% 的准确率，效果很不错。我们的梯度下降算法看起来很简单（实际上确实挺简单的），但这个算法十分智慧：该算法是近年来绝大多数大规模深度学习的基础。我们给出的算法在设计上已经非常接近 TensorFlow 等主流机器学习框架所实现的算法了。

注意到，与前面用 scikit-learn 训练得到的模型相比，我们的模型还没有达到 84% 的准确率。别担心，我们的算法绝对有能力做到。我们只需要更多轮迭代，使损失值更接近最小值。

经过 100 轮迭代，模型的准确率达到 82%，更接近 84% 的准确率了。但是，如此多的迭代次数导致算法运行了非常长的时间。更糟糕的是，我们越接近最小损失值，模型的预测效果就越难得到进一步的改善。100 轮迭代后的模型可以达到 82% 的准确率，但达到 84% 的准确率可能需要 1000 轮迭代。这也体现出机器学习的一个根本矛盾：一般来说，更多的训练轮数可以带来更高的准确率，但同时也需要更多的计算时间。在实际场景中使用大规模深度学习时，绝大多数实现"技巧"都是为梯度下降的每轮迭代加速，以便在相同时间内执行更多轮迭代。

还有一个有趣的现象值得我们注意：损失函数的输出值确实会随着每轮梯度下降的迭代而下降。因此，随着执行轮数的增加，我们的模型的确在逐渐接近最小损失值。另外要注意的是，如果训练集和测试集的损失值非常接近，意味着我们的模型没有过拟合训练数据。

13.4 差分隐私梯度下降

我们如何使上述算法满足差分隐私呢？我们想要设计一种算法来为训练数据提供差分隐私保护，使最终训练得到的模型不会泄露与单个训练样本相关的任何信息。

　　算法执行过程中唯一使用了训练数据的部分是梯度计算步骤。使该算法满足差分隐私的一种方法是在每轮模型更新前在梯度上增加噪声。由于我们直接在梯度上增加噪声，因此该方法通常被称为噪声梯度下降（noisy gradient descent）。

　　我们的梯度函数是向量值函数，因此我们使用 gaussian_mech_vec（向量高斯机制）在梯度函数的输出值上增加噪声：

```
def noisy_gradient_descent(iterations, epsilon, delta):
    theta = np.zeros(X_train.shape[1])
    sensitivity = '???'

    for i in range(iterations):
        grad = avg_grad(theta, X_train, y_train)
            noisy_grad = gaussian_mech_vec(grad, sensitivity, epsilon,
delta)
        theta = theta - noisy_grad

    return theta
```

　　至此，我们就差最后一块拼图了：**梯度函数的敏感度是多少**？这是使算法满足差分隐私的关键所在。

　　这里我们主要面临两个挑战。第一，梯度是均值问询的结果，即梯度是每个样本梯度的均值。我们之前已经提到，最好将均值问询拆分为一个求和问询和一个计数问询。做到这一点并不难，我们可以不直接计算梯度均值，而是计算每个样本梯度噪声和，再除以噪声计数值。第二，我们需要限制每个样本梯度的敏感度。有两种基础方法可以做到这一点。我们可以（如之前讲解的其他问询那样）分析梯度函数，确定其在最差情况下的全局敏感度。我们也可以（如采样 – 聚合框架那样）裁剪梯度函数的输出值，从而强制限定敏感度上界。

　　我们先介绍第二种方法。第二种方法从概念上看更简单，在实际应用中的普适性更好。此方法一般被称为梯度裁剪。

13.4.1　梯度裁剪

　　回想一下，在实现采样 – 聚合框架时，我们裁剪未知敏感度函数 f 的输出，强

制限定 f 的敏感度上界。f 的敏感度为：

$$\left|f(x)-f(x')\right| \tag{13.2}$$

使用参数 b 裁剪后，上述表达式变为：

$$\left|\mathrm{clip}(f(x),\ b)-\mathrm{clip}(f(x'),\ b)\right| \tag{13.3}$$

最差情况下，$\mathrm{clip}(f(x),\ b)=b$，且 $\mathrm{clip}(f(x'),\ b)=0$，因此裁剪结果的敏感度为 b（即敏感度等于裁剪参数）。

我们可以使用相同的技巧来限定梯度函数的 $L2$ 敏感度。我们需要定义一个用来"裁剪"向量的函数，使输出向量的 $L2$ 范数落在期望的范围内。我们可以通过缩放向量来做到这一点，如果把向量中每个位置的元素都除以向量的 $L2$ 范数，则所得向量的 $L2$ 范数为 1。如果想要使用裁剪参数 b，我们可以在缩放后的向量上乘以 b，将其放大回 $L2$ 范数等于 b 的向量。我们还希望保留 $L2$ 范数小于 b 的向量值不变。因此，如果向量的 $L2$ 范数已经小于 b，我们直接返回此向量即可。我们可以使用 np.linalg.norm 函数，并以参数 ord=2 作为输入，以计算向量的 $L2$ 范数。

```python
def L2_clip(v, b):
    norm = np.linalg.norm(v, ord=2)

    if norm > b:
        return b * (v / norm)
    else:
        return v
```

现在，我们可以开始分析裁剪梯度的敏感度了。我们将梯度表示为 $\nabla(\theta;X,y)$（对应我们 Python 代码中的 gradient）：

$$\left\|\mathrm{L2\_clip}\big(\nabla(\theta;X,y),b\big)-\mathrm{L2\_clip}\big(\nabla(\theta;X',y),0\big)\right\|_2 \tag{13.4}$$

最差情况下，$\mathrm{L2\_clip}(\nabla(\theta;X,y),b)$ 的 $L2$ 范数为 b，且 $\mathrm{L2\_clip}(\nabla(\theta;X',y))$ 全为 0。此时，两者的 $L2$ 范数差等于 b。这样一来，我们就成功用裁剪参数 b 限定了梯度的 $L2$ 敏感度上界。

现在，我们可以继续计算裁剪梯度之和，并根据我们通过裁剪技术得到的 *L2* 敏感度上界 *b* 来增加噪声。

```python
def gradient_sum(theta, X, y, b):
    gradients = [L2_clip(gradient(theta, x_i, y_i), b) for x_i, y_i in zip(X,y)]

    # 求和问询
    # (经过裁剪后的) L2 敏感度为 b
    return np.sum(gradients, axis=0)
```

我们现在就快要完成噪声梯度下降算法的设计和实现了。为了计算平均噪声梯度，我们需要：

1. 基于敏感度 *b*，在梯度和上增加噪声。

2. 计算训练样本数量的噪声计数值（敏感度为 1）。

3. 用步骤 1 的噪声梯度值和除以步骤 2 的噪声计数值。

```python
def noisy_gradient_descent(iterations, epsilon, delta):
    theta = np.zeros(X_train.shape[1])
    sensitivity = 5.0

    noisy_count = laplace_mech(X_train.shape[0], 1, epsilon)

    for i in range(iterations):
        grad_sum        = gradient_sum(theta, X_train, y_train, sensitivity)
        noisy_grad_sum = gaussian_mech_vec(grad_sum, sensitivity, epsilon, delta)
        noisy_avg_grad = noisy_grad_sum / noisy_count
        theta          = theta - noisy_avg_grad

    return theta

theta = noisy_gradient_descent(10, 0.1, 1e-5)
accuracy(theta)
```

```
0.7789694825298541
```

该算法的每轮迭代过程都满足 (ϵ, δ)- 差分隐私。我们还需额外执行一次噪声计数问询来得到满足 ϵ- 差分隐私的噪声计数值。如果执行 k 轮迭代，则根据串行组合性，算法满足 $(k\epsilon + \epsilon, k\delta)$- 差分隐私。我们也可以使用高级组合性来分析总隐私消耗量。更进一步，我们可以将算法转化为瑞丽差分隐私或零集中差分隐私，应用相应的组合定理得到更紧致的总隐私消耗量。

13.4.2 梯度的敏感度

前面所述方法的普适性很高，对梯度函数没有特定要求。但是，我们有时的确对梯度函数有所了解。特别地，一大类常用的梯度函数（包括本章用到的对率损失梯度）是利普希茨连续（Lipschitz continuous）的。这意味着这些梯度函数的全局敏感度是有界的。用数学语言描述，我们可以证明：

$$\text{如果 } \|x_i\|_2 \leqslant b \quad \text{则} \|\nabla(\theta; \ x_i, \ y_i)\|_2 \leqslant b \qquad (13.5)$$

这一结论允许我们通过裁剪训练样本（即梯度函数的输入）来获得梯度函数的 $L2$ 敏感度上界。这样，我们就不再需要裁剪梯度函数的输出了。

用裁剪训练样本代替裁剪梯度会带来两个优点。第一，与预估训练阶段的梯度尺度相比，预估训练样本的尺度（进而选择一个好的裁剪参数）通常要容易得多。第二，裁剪训练样本的计算开销更低，我们只需要对训练样本裁剪一次，训练模型时就可以重复使用裁剪后的训练数据了。但如果选择裁剪梯度，我们就需要裁剪训练过程中计算得到的每一个梯度。此外，为了实现梯度裁剪，我们不得不依次计算出每个训练样本的梯度。但如果选择裁剪训练样本，我们就可以一次计算得到所有训练样本的梯度，从而提高训练效率（这是机器学习中的常用技巧，这里我们不再展开讨论）。

然而，需要注意的是，还有很多常用损失函数的全局敏感度是无界的，尤其是深度学习中神经网络里用到的损失函数更是如此。对于这些损失函数，我们只能使用梯度裁剪法。

我们只需对算法进行简单的修改，就可以把裁剪梯度替换为裁剪训练样本。在开始训练之前，我们需要先使用 L2_clip（L2 裁剪）函数来裁剪训练样本。随后，我们只需要直接把裁剪梯度的代码移除即可。

```python
def gradient_sum(theta, X, y, b):
    gradients = [gradient(theta, x_i, y_i) for x_i, y_i in zip(X,y)]

    # 求和问询
    # (经过裁剪后的) L2 敏感度为 b
    return np.sum(gradients, axis=0)

def noisy_gradient_descent(iterations, epsilon, delta):
    theta = np.zeros(X_train.shape[1])
    sensitivity = 5.0

    noisy_count = laplace_mech(X_train.shape[0], 1, epsilon)
    clipped_X = [L2_clip(x_i, sensitivity) for x_i in X_train]

    for i in range(iterations):
        grad_sum        = gradient_sum(theta, clipped_X, y_train, sensitivity)
        noisy_grad_sum = gaussian_mech_vec(grad_sum, sensitivity, epsilon, delta)
        noisy_avg_grad = noisy_grad_sum / noisy_count
        theta          = theta - noisy_avg_grad

    return theta

theta = noisy_gradient_descent(10, 0.1, 1e-5)
accuracy(theta)
```

```
0.7793011941618753
```

我们可以对此算法进行多种改进，以进一步降低隐私消耗量、提升模型预测的准确率。很多改进方法都源自机器学习领域的论文。这里给出几个例子：

- 将总隐私消耗量限定为 ϵ，在算法内部计算每轮迭代的隐私消耗量 ϵ_i。
- 利用高级组合性、瑞丽差分隐私或零集中差分隐私，从而获得更好的总隐私消耗量。
- 小批次训练。每轮迭代中，不使用整个训练数据，而是使用一小块训练数据来计算梯度（这样可以减少梯度计算过程中的计算开销）。

- 同时使用小批次训练和并行组合性。
- 同时使用小批次训练和小批次随机采样。
- 调整学习率 η 等其他超参数。

13.5 噪声对训练的影响

我们已经知道，迭代次数会对模型的预测准确率带来很大的影响，因为更多的迭代次数可以使模型更接近最小损失值。我们的差分隐私算法需要在梯度上增加噪声，这会对准确率带来很大的影响。噪声可能导致训练算法在训练过程中向错误的方向移动，使模型变得更糟糕。

我们有理由相信更小的 ϵ 会带来准确率更低的模型（我们已经学习的差分隐私算法都存在类似的关系）。这个结论确实是正确的，但由于在执行多轮迭代算法时要考虑组合定理，因此这里也存在一些微妙的平衡。更多的迭代次数意味着更大的隐私消耗量，而在标准梯度下降算法中，更多的迭代次数一般意味着产出更好的模型。在差分隐私保护下，当总隐私预算保持不变时，更多的迭代次数可能会导致模型变得更加糟糕，因为我们不得不使用更小的 ϵ 来支持更多轮迭代，这会带来更大的噪声。在差分隐私机器学习中，适当平衡迭代轮数和单轮添加的噪声量是一个很重要的（有时也是一个非常有挑战性的）问题。

让我们做一个小实验，看看不同的 ϵ 会对模型的预测准确率带来何种影响。我们将使用不同的 ϵ 来训练模型，每次训练迭代 20 轮。我们根据训练时使用的 ϵ 作为横坐标来绘制每个模型的准确率变化图，见图 13-1。

从图 13-1 可以看出，ϵ 非常小时会产生准确率非常低的模型。请记住，我们在图中指定的 ϵ 是每轮迭代时使用的 ϵ，因此组合后的总隐私预算要大得多。

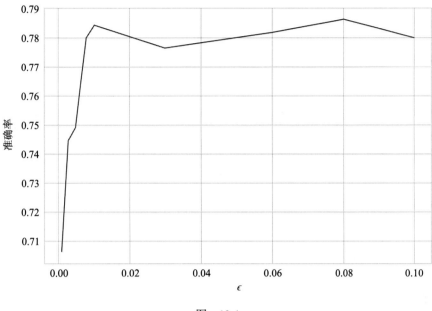

图　13-1

第 14 章

本地差分隐私

学习目标

阅读本章后，你将能够：

- 定义差分隐私的本地模型，并比较本地模型与中心模型的异同。
- 定义和实现随机应答和一元编码机制。
- 描述这些机制的准确性影响，以及本地模型的挑战。

截至目前，我们只考虑了差分隐私的中心模型（central model）。在中心模型中，原始敏感数据被汇总到单个数据集中。在这种场景下，我们假定分析者是恶意的，但存在一个可信任的数据管理者，由它持有数据集并能正确执行分析者指定的差分隐私机制。

这种设定通常是不现实的。在很多情况下，数据管理者和分析者是同一个人，且实际上不存在一个能持有数据集并执行差分隐私机制的可信第三方。事实上，往往是我们不信任的组织来收集我们最敏感的数据。这样的组织显然无法成为可信数据管理者。

中心差分隐私模型的一种替代方案是差分隐私本地模型（local model）。在本地模型中，数据在离开数据主体控制之前就已经满足差分隐私。例如，在将数据发送给数据管理者之前，用户就在自己的设备上为自己的数据添加噪声。在本地模型中，数据管理者不需要是可信的，因为数据管理者收集的是已经满足差分隐私的数据。

因此，与中心模型相比，本地模型有着巨大的优势：数据主体不需要相信除自己以外的任何人。这一优势使得本地模型在实际系统中有着广泛的应用，包括谷歌（https://github.com/google/rappor）和苹果（https://www.apple.com/privacy/docs/Differential_Privacy_Overview.pdf）都部署了基于本地模型的差分隐私应用。

不幸的是，本地模型也有明显的缺点：在相同的隐私预算下，对于相同的问询，本地模型问询结果的准确性通常比中心模型低几个数量级。这种巨大的准确性损失意味着只有较少类型的问询适用于本地差分隐私。即便如此，只有当数据量较大（即参与者数量较多）时，差分隐私本地模型分析结果的准确率才可以满足实际要求。

本章，我们将学习两种本地差分隐私机制。第一种是随机应答（randomized response），第二种是一元编码（unary encoding）。

14.1　随机应答

随机应答（见 [16]，https://en.wikipedia.org/wiki/Randomized_response）是一种本地差分隐私机制，S. L. Warner 在其 1965 年的论文（https://www.jstor.org/stable/2283137?seq=1#metadata_info_tab_contents）中首次提出了这一机制。当时，该技术提出的目的是允许用户可以用错误的回复来应答调研中的敏感问题。而学者们当初也没有意识到这是一种差分隐私机制（此后 40 年内，学者们都尚未提出差分隐私的概念）。在提出差分隐私的概念后，统计学家们才意识到随机应答技术已经满足了差分隐私的定义。

Dwork 和 Roth 提出了一种随机应答的变种机制。在此机制中，数据主体按下述方法用"是"或"不是"来回答一个问题：

1．掷一枚硬币。

2．如果硬币正面向上，如实回答问题。

3．如果硬币反面向上，再掷一枚硬币。

4. 如果第二枚硬币也是正面向上，回答"是"；否则，回答"不是"。

该算法的随机性来自两次硬币的抛掷结果。正如其他差分隐私算法一样，硬币抛掷结果的随机性为真实结果引入了不确定性，而这种不确定性正是差分隐私机制可以提供隐私保护的根本原因。

事实证明，该随机应答算法满足 ϵ- 差分隐私，其中 $\epsilon = \log(3) = 1.09$。

让我们来实现这个算法，并用其回答一个简单的"是或不是"问题："你的职业是销售吗？"我们可以在 Python 中使用 np.random.randint(0, 2) 函数模拟硬币抛掷过程。此函数的输出仅可能是 0 或 1。

```python
def rand_resp_sales(response):
    truthful_response = response == 'Sales'

    # 第一次抛掷硬币
    if np.random.randint(0, 2) == 0:
        # 如实回答
        return truthful_response
    else:
        # (用第二次硬币抛掷结果) 随机应答
        return np.random.randint(0, 2) == 0
```

让我们来询问 200 名从事销售工作的人，请他们使用随机应答算法回答此问题，看看结果如何。

```python
pd.Series([rand_resp_sales('Sales') for i in range(200)]).value_counts()
```

```
True     153
False     47
dtype: int64
```

可以看到，我们可以得到答案为"是"和"不是"的人数，但回答"是"的数量远多于"不是"的数量。与我们学过的算法类似，此输出结果也展示了差分隐私算法的两个性质：算法引入一定的不确定性来实现隐私保护，但算法的输出结果仍然释放出足够的信号，帮助我们推断出人口相关的信息。

让我们试试在实际数据上做同样的实验。我们从一直使用的美国人口数据集中获取所有个体的职业信息。我们要问询的问题是"你的职业是销售吗?",并对每个职业的回复结果进行编码。在实际部署的系统中,我们不会集中收集真实数据。相对地,每个回复者会在本地执行 rand_resp_sales(随机应答销售职业)函数,并把随机应答结果提交给数据管理者。在实验中,我们在现有的数据集上执行 rand_resp_sales 函数。

```
responses = [rand_resp_sales(r) for r in adult['Occupation']]
pd.Series(responses).value_counts()
```

```
False    22415
True     10146
dtype:   int64
```

这次,我们得到的回答"不是"数量比"是"数量更多。稍加思考,就会发现这是一个合理的统计结果,因为数据集中大多数参与者的职位都不是销售。

现在的关键问题是我们如何根据这些回复,估计出数据集中销售人员的真实人数呢?回答"是"的数量并不能很好地估计销售人员数量:

```
len(adult[adult['Occupation'] == 'Sales'])
```

```
3650
```

这并不奇怪,因为很多"是"都来自算法中的随机硬币抛掷结果。

为了估计销售人员的正确人数,我们需要分析随机应答算法的随机性,估计出有多少"是"来自实际销售人员,以及有多少"是"来自随机硬币抛掷结果。我们知道:

- 每个响应者随机回复的概率为 $\frac{1}{2}$。

- 每个随机回复中"是"的概率为 $\frac{1}{2}$。

因此,响应者随机回复(而不是因为他们真的是销售人员才回复)"是"的概率为

$\dfrac{1}{2}\cdot\dfrac{1}{2}=\dfrac{1}{4}$。这意味着我们得到的回复中有四分之一是假的 "是"。

```
responses = [rand_resp_sales(r) for r in adult['Occupation']]

# 我们估计出有 1/4 的 " 是 " 回复完全来自硬币的随机抛掷结果
# 这些都是假的 " 是 "
fake_yeses = len(responses)/4

# 回复为 " 是 " 的总人数
num_yeses = np.sum([1 if r else 0 for r in responses])

# 真实 " 是 " 的人数等于回复为 " 是 " 的总人数减去假 " 是 " 的人数
true_yeses = num_yeses - fake_yeses
```

另一个我们需要考虑的因素是，虽然有一半受访者是随机应答的，但在这些随机应答的响应者中，部分响应者实际上可能也是销售人员。随机应答响应者中有多少是销售人员呢？我们得不到相关数据，因为他们的应答是完全随机的。

但是，因为我们（根据第一次硬币抛掷结果）把受访者随机分为了 "真实" 和 "随机" 两组，我们期望两组的销售人员数量基本一致。因此，如果我们能估计出 "真实" 组的销售人员数量，那么我们将该人数翻倍，就可以得到销售人员总数。

```
# 用 true_yesses 估计 " 真实 " 组中回答 " 是 " 的人数
# 我们把人数翻倍，估计出回复为 " 是 " 的总人数
rr_result = true_yeses*2
rr_result
```

```
3585.5
```

得到的人数和销售人员的真实人数有多接近呢？让我们来比较一下。

```
true_result = np.sum(adult['Occupation'] == 'Sales')
true_result
```

```
3650
```

```
pct_error(true_result, rr_result)
```

```
1.767123287671233
```

当总人数相对比较大时（例如，本例的总人数超过了 3 000），我们通常可以使用此方法得到一个错误率"可接受"的统计结果。此例子中的错误率低于 5%。如果我们的目标是统计最受欢迎的职位，这个方法可以帮助我们得到较为准确的结果。然而，统计结果的错误率会随着总人数的降低而快速增大。

此外，随机应答的准确率和中心模型拉普拉斯机制的准确率相比要差出几个数量级。让我们使用这个例子比较一下这两种机制：

```
pct_error(true_result, laplace_mech(true_result, 1, 1))
```

```
0.002028728448001932
```

即使我们中心模型中的 ϵ 值略低于随机应答的 ϵ，中心模型的误差也仅约为 0.01%，远小于本地模型。

确实存在效果更好的本地模型算法。然而，本地模型存在天生的限制条件，必须在提交数据前增加噪声。这意味着本地模型算法的准确率总是比最好的中心模型算法准确率低。

14.2 一元编码

随机应答允许我们基于本地差分隐私回答"是或不是"的问题。如何实现直方图问询呢？

学者们已经提出了多种不同的算法来解决本地差分隐私的直方图问询问题。Wang 等人（见 [17]，https://arxiv.org/abs/1705.04421）在 2017 年的论文中总结了一些优化方法。这里，我们介绍其中最简单的一个方法：一元编码。该方法是谷歌 RAPPOR 系统（见 [15]，https://static.googleusercontent.com/media/research.google.com/en//pubs/archive/42852.pdf）的基础算法（谷歌 RAPPOR 系统对基础算法做了大量修改，使算法支持更大的标签数量、支持随时间推移的多次应答）。

我们首先需要定义应答域，即直方图包含的标签。下述例子中，我们想要知道各个职业的从业者人数，因此应答域是所有职位所构成的集合。

```
domain = adult['Occupation'].dropna().unique()
domain
   array(['Adm-clerical', 'Exec-managerial', 'Handlers-cleaners',
          'Prof-specialty', 'Other-service', 'Sales', 'Craft-repair',
          'Transport-moving', 'Farming-fishing', 'Machine-op-inspct',
          'Tech-support', 'Protective-serv', 'Armed-Forces',
          'Priv-house-serv'], dtype=object)
```

我们将定义三个函数，这三个函数共同实现了一元编码机制：

- encode（编码），编码应答值。
- perturb（扰动），扰动编码后的应答值。
- aggregate（聚合），根据扰动应答值重构最终结果。

该技术的名称来自所用的编码方法：如果应答域大小为 k，我们将每个应答值编码为长度为 k 的比特向量。除了应答者的职位对应的比特值为 1 以外，所有其他位置的编码均为 0。机器学习领域称这种表示方法为"独热编码"（one-hot encoding）。

举例来说，销售是应答域中的第 6 个元素，因此销售职位的编码是第 6 个比特值为 1、其余比特值均为 0 的向量。

```
def encode(response):
    return [1 if d == response else 0 for d in domain]

encode('Sales')
```

```
[0, 0, 0, 0, 0, 1, 0, 0, 0, 0, 0, 0, 0, 0]
```

我们接下来要用 perturb 函数翻转应答向量中的各个比特值，从而满足差分隐私。翻转一个比特值的概率由 p 和 q 这两个参数共同决定。这两个参数也决定了隐私参数 ϵ 的值（我们稍后将看到具体的计算公式）。

$$\Pr\big[B'[i]{=}1\big]{=}\begin{cases} p & \text{若}B[i]{=}1 \\ q & \text{若}B[i]{=}0 \end{cases}$$

```
def perturb(encoded_response):
    return [perturb_bit(b) for b in encoded_response]

def perturb_bit(bit):
    p = .75
    q = .25

    sample = np.random.random()
    if bit == 1:
        if sample <= p:
            return 1
        else:
            return 0
    elif bit == 0:
        if sample <= q:
            return 1
        else:
            return 0

perturb(encode('Sales'))
```

```
[0, 1, 1, 0, 0, 1, 0, 0, 0, 1, 0, 0, 0, 0]
```

我们可以根据 p 和 q 计算出隐私参数 ϵ。如果 $p{=}0.75$，$q{=}0.25$，则计算得到的 ϵ 略高于 2。

$$\epsilon{=}\log\left(\frac{p(1{-}q)}{(1{-}p)q}\right) \tag{14.1}$$

```
def unary_epsilon(p, q):
    return np.log((p*(1-q)) / ((1-p)*q))

unary_epsilon(.75, .25)
```

```
2.1972245773362196
```

最后一步是聚合。如果我们没有对应答值进行过任何扰动，我们可以简单地对所有得到的应答向量逐比特相加，得到应答域中每个元素的计数结果：

```
counts = np.sum([encode(r) for r in adult['Occupation']], axis=0)
list(zip(domain, counts))
```

```
[('Adm-clerical', 3770),
 ('Exec-managerial', 4066),
 ('Handlers-cleaners', 1370),
 ('Prof-specialty', 4140),
 ('Other-service', 3295),
 ('Sales', 3650),
 ('Craft-repair', 4099),
 ('Transport-moving', 1597),
 ('Farming-fishing', 994),
 ('Machine-op-inspct', 2002),
 ('Tech-support', 928),
 ('Protective-serv', 649),
 ('Armed-Forces', 9),
 ('Priv-house-serv', 149)]
```

但是，正如我们在随机应答中所看到的那样，翻转比特值产生的"假"应答值将使我们得到难以解释的统计结果。如果我们把扰动后的应答向量逐比特相加，得到的所有计数结果都是错误的：

```
counts = np.sum([perturb(encode(r)) for r in adult['Occupation']],
axis=0)
list(zip(domain, counts))
```

```
[('Adm-clerical', 10083),
 ('Exec-managerial', 10139),
 ('Handlers-cleaners', 8768),
 ('Prof-specialty', 10341),
 ('Other-service', 9982),
 ('Sales', 9854),
 ('Craft-repair', 10336),
 ('Transport-moving', 8929),
 ('Farming-fishing', 8609),
 ('Machine-op-inspct', 9118),
```

```
('Tech-support', 8636),
('Protective-serv', 8490),
('Armed-Forces', 8153),
('Priv-house-serv', 8169)]
```

一元编码算法的聚合步骤需要考虑每个标签的"假"应答数量。此步骤以 p、q 和应答数量 n 为输入，得到聚合结果：

$$A[i] = \frac{\sum_j B'_j[i] - nq}{p - q} \tag{14.2}$$

```
def aggregate(responses):
    p = .75
    q = .25

    sums = np.sum(responses, axis=0)
    n = len(responses)

    return [(v - n*q) / (p-q) for v in sums]
responses = [perturb(encode(r)) for r in adult['Occupation']]
counts = aggregate(responses)
list(zip(domain, counts))
```

```
[('Adm-clerical', 3761.5),
 ('Exec-managerial', 4203.5),
 ('Handlers-cleaners', 1405.5),
 ('Prof-specialty', 4531.5),
 ('Other-service', 3197.5),
 ('Sales', 3507.5),
 ('Craft-repair', 4097.5),
 ('Transport-moving', 1517.5),
 ('Farming-fishing', 1127.5),
 ('Machine-op-inspct', 2047.5),
 ('Tech-support', 765.5),
 ('Protective-serv', 881.5),
 ('Armed-Forces', -88.5),
 ('Priv-house-serv', 247.5)]
```

正如我们在随机应答中所看到的，一元编码机制得到的统计结果也比较准确，我们可以得到应答域中各个标签的粗略排序结果（至少可以统计出最受欢迎的职位是什么）。即便如此，一元编码机制的准确率要比中心模型拉普拉斯机制的准确率低几个数量级。

　　学者们已经提出了其他在本地模型下实现直方图问询的方法。之前链接给出的论文（见 https://arxiv.org/abs/1705.04421）具体介绍了这些方法。这些方法可以在一定程度上提高准确率，但这些方法都必须保证本地模型下每个样本需独立满足差分隐私。这一基本限制条件使得即便使用最复杂的技术，本地模型机制的准确率也无法达到中心模型机制的准确率。

第 15 章

合成数据

学习目标

阅读本章后，你将能够：

- 描述差分隐私合成数据的思想并解释其作用。
- 定义数据的合成表示，用于后续生成合成数据。
- 定义边际，并实现计算边际的代码。
- 实现生成低维合成数据的简单差分隐私算法。
- 了解生成高维合成数据的挑战。

本章，我们将研究使用差分隐私算法生成合成数据（synthetic data）的问题。严格来说，合成数据生成算法的输入是一个原始数据集，其输出是维度相同（即列数和行数相同）的合成数据集。进一步，我们希望合成数据集的数据与原始数据集的对应数据满足相同的性质。例如，如果我们将美国人口普查数据集作为原始数据集，我们期望合成数据集与原始数据集有相似的人群年龄分布，并保留列之间的相关性（如年龄和职业的相关性）。

大多数合成数据生成算法都依赖原始数据集的合成表示（synthetic representation）。合成表示和原始数据的维度不同，但可以用于回答原始数据的问询。例如，如果我们只关心年龄的范围问询，那么可以统计原始数据中每个年龄对应的人数，生成年龄直方图，并使用直方图回答问询。该直方图就是一个适合回答一些问询的数据集合成表示。但由于和原始数据集的维度不同，因此合成表示不是合成数据。

部分算法简单地使用合成表示来回答问询。部分算法使用合成表示生成合成数据集。下面，我们将研究直方图合成表示，并介绍基于直方图生成合成数据集的几种方法。

15.1 合成表示：直方图

我们已经学习过很多差分隐私直方图问询算法。由于可以直接使用并行组合性，直方图是一种适用于差分隐私的典型数据分析场景。我们也学习过范围问询的概念，虽然我们不常使用这个术语来表示范围问询。作为合成数据的第一步，我们先为原始数据集中的一列数据设计一个能够回答范围问询的合成表示。

范围问询统计数据集中落在给定范围内的值的行数。例如，"有多少参与者的年龄在 21～33 岁？"是一个范围问询。

```python
def range_query(df, col, a, b):
    return len(df[(df[col] >= a) & (df[col] < b)])

range_query(adult, 'Age', 21, 33)
```

```
9878
```

我们可以把 0～100 每个年龄的计数值定义为一个直方图问询，并应用范围问询计算每个年龄的人数。问询结果看起来很像数据调用 `plt.hist` 函数的输出结果，因为我们本质上只是把这个函数又手动实现了一遍（见图 15-1）。

```python
bins = list(range(0, 100))
counts = [range_query(adult, 'Age', b, b+1) for b in bins]
plt.xlabel('年龄')
plt.ylabel('出现次数')
plt.bar(bins, counts);
```

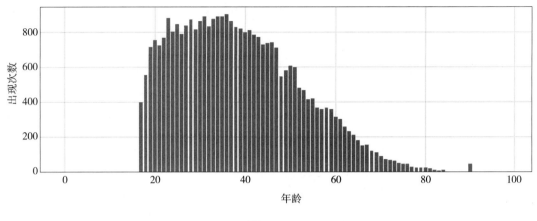

图　15-1

我们可以将直方图中的各个计数结果作为原始数据的合成表示。为了回答范围问询，我们可以将落在范围内所有年龄的计数结果相加，作为此问询的回复结果。

```python
def range_query_synth(syn_rep, a, b):
    total = 0
    for i in range(a, b):
        total += syn_rep[i]
    return total
```

```python
range_query_synth(counts, 21, 33)
```

```
9878
```

注意，无论是在原始数据集还是在合成表示上执行范围问询，我们都得到完全相同的结果。（至少在回答年龄范围问询时）我们没有丢失原始数据集中的任何信息。

15.2　增加差分隐私

很容易使合成表示满足差分隐私，只需要在直方图中的每个计数值上单独增加拉普拉斯噪声即可。根据并行组合性，这一机制满足 ϵ- 差分隐私。

```python
epsilon = 1
dp_syn_rep = [laplace_mech(c, 1, epsilon) for c in counts]
```

我们可以使用与之前相同的函数，基于差分隐私合成表示回答范围问询。根据后处理性，得到的问询也满足 ϵ- 差分隐私。此外，由于依赖的是后处理性，我们可以在不消耗任何额外隐私预算的条件下回答任意数量的年龄范围问询。

```
range_query_synth(dp_syn_rep, 21, 33)
```

```
9872.68865544345
```

问询结果的准确度怎么样呢？对于年龄范围比较小的问询，我们从合成表示得到的问询结果与直接应用拉普拉斯机制得到的问询结果有非常相似的准确度。例如：

```
合成表示误差率: 0.014436695974201916
拉普拉斯机制误差率: 0.07117218686778903
```

计数值会随着年龄范围的增大而增大，我们认为相对误差应该会变小。我们已经多次印证过这个事实了，更大的分组意味着更强的信号，这会使统计结果的信噪比变低，相对误差也随之降低。如果直接使用拉普拉斯机制回复问询，我们能看到事实的确如此。然而，当使用合成表示回复问询时，我们会将很多小分组的噪声也加在一起。因此，信号虽然变强了，但噪声也变大了。当使用合成表示回复问询时，我们发现大年龄范围问询的相对误差与小年龄范围问询的相对误差几乎相同。相对误差与问询范围无关，这一现象恰恰与拉普拉斯机制相反。

```
合成表示误差率: 0.008338223715315101
拉普拉斯机制误差率: 0.00902883387186908
```

这一差异体现了合成表示的缺点：它可以回答所覆盖范围内的任何范围问询，但可能无法提供与拉普拉斯机制相同的准确度。合成表示的主要优势是可以在不需要消耗额外隐私预算的条件下支持回复无限多次问询。合成表示的主要劣势是精度损失。

15.3 生成列表数据

合成表示的下一步是基于合成表示来合成数据。为了实现这一点,我们希望将合成表示视为一个可以用于估计原始数据潜在分布的概率分布函数,进而可以根据此概率分布采样,得到合成数据集。这里我们忽略其他数据列,只考虑单列数据,单列数据的概率分布称为边际分布(marginal distribution),见 https://en.wikipedia.org/wiki/Marginal_distribution。确切地说,应该叫单维边际分布。

我们这里的策略很简单,先对直方图的每个属性值计数,随后归一化计数结果,使所有技术结果的和为 1,最后将得到的归一化结果视为概率值。得到了这些概率值后,我们就可以基于这些概率值所表示的概率分布采样了。方法很简单,根据直方图属性值对应的概率值随机选择一个属性值即可。第一步是获得计数值,保证结果中没有负数,并将这些计数值归一化,使它们的求和值等于 1:

```
dp_syn_rep_nn = np.clip(dp_syn_rep, 0, None)
syn_normalized = dp_syn_rep_nn / np.sum(dp_syn_rep_nn)
np.sum(syn_normalized)
```

```
1.0
```

注意,由于归一化直方图中的所有计数值的求和结果为 1,因此现在我们可以把它们看作对应属性值的概率值了。如果画出归一化的直方图,我们可以看到此直方图和原始直方图非常相似(也就是说,概率分布图的形状看起来和原始数据集的形状非常相似),见图 15-2。这个结果没有超出我们的预估,这些概率值仍然是简单的计数值,我们只是对它们进行了缩放处理。

最后一步是基于这些概率值生成新的样本。我们可以使用 np.random.choice 函数,其第一个输入参数(对应参数 p)可以是表示各个属性值采样概率的概率列表。此函数实现的就是我们采样任务所需的加权采样功能。因为获得计数值的过程已经满足差分隐私,所以我们可以在不需要消耗额外隐私预算的条件下生成任意数量的样本。

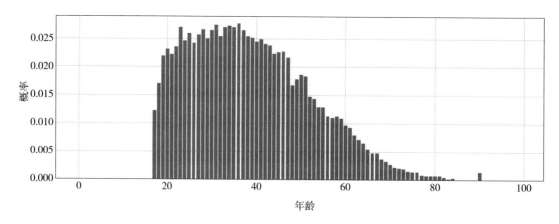

图 15-2

```
def gen_samples(n):
    return np.random.choice(bins, n, p=syn_normalized)

syn_data = pd.DataFrame(gen_samples(5), columns=['Age'])
syn_data
```

	Age
0	31
1	19
2	26
3	39
4	29

此方法生成的样本分布与原始数据集的分布大体一致。这样一来，我们可以用生成的合成数据集替代原始数据集回复问询。特别地，如果我们画出一个超大规模合成数据集的年龄直方图，我们可以看到此图的形状与原始数据集的形状相同，见图 15-3。

我们现在可以回答均值问询、范围问询等之前看到的一些问询了：

```
年龄均值，合成结果：38.6973
年龄均值，真实结果：38.58164675532078
误差率：0.29886644463364515
```

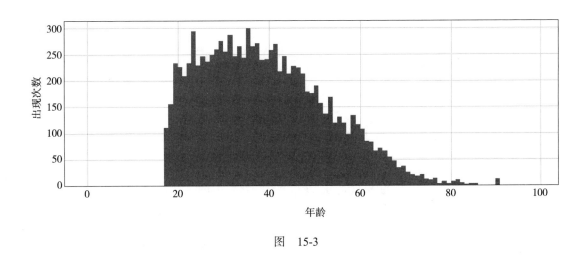

图　15-3

```
年龄范围问询，合成结果：9085
年龄范围问询，真实结果：29568
误差率：69.27421536796357
```

我们的均值问询的误差率相当低（尽管仍然高于直接应用拉普拉斯机制的误差率）。但是，范围问询的误差非常大。不过，这只是因为合成数据集的大小与原始数据集不一致。我们只生成了 10 000 个样本，而原始数据集超过 30 000 行。我们可以执行额外的差分隐私问询来确定原始数据集的行数，进而生成相同行数的新合成数据集。这样一来，范围问询的准确率就会得到提高。

```
年龄范围问询，合成结果：29602
年龄范围问询，真实结果：29568
误差率：0.11498917748917775
```

可以看出，问询回复的误差率很低，这正是我们期望得到的结果。

15.4　生成更多数据列

我们现在已经生成了与原始数据集行数相等的合成数据集。此合成数据集确实有助于回答有关原始数据集的问询。然而，这个合成数据集只包含一列数据。我们如何生成包含更多列数据的合成数据集呢？

有两种基本实现方法。我们可以分别对 k 列数据重复上述过程 (生成 k 个单维边际), 得到 k 个相互独立、各包含一列数据的合成数据集。随后, 我们将这些数据集合并在一起, 构建出一个包含 k 列的合成数据集。这是一种很直接的实现方法, 但由于我们会单独考虑各列数据, 因此得到的合成数据集会丢失列之间的相关性信息。例如, 原始数据集中的年龄和职业可能存在相关性 (举例来说, 职业为"经理"的人会更年长一些)。如果我们分别考虑各列数据, 则合成数据集中年龄为18 岁的人数和职位为经理的人数是正确的, 但年龄为 18 岁的经理人数可能会错得离谱。

另一种方法是在生成合成数据时考虑多个数据列。例如, 我们可以同时考虑年龄和职业这两列数据, 分别计算出有多少 18 岁的经理, 有多少 19 岁的经理等。这一改进方法所得到的结果称为二维边缘分布。同时考虑所有可能的年龄和职业组合的这一做法正是我们之前构建列联表的方法。例如:

```
ct = pd.crosstab(adult['Age'], adult['Occupation'])
ct.head()
```

我们现在可以完全沿用之前的做法: 在各个计数值上增加噪声后归一化处理, 将得到的计数结果视为概率值。现在, 每个计数结果对应的是年龄和职业这一对属性值。因此, 我们从这一分布采样就可以得到同时满足这两个属性值的合成数据。

```
dp_ct = ct.applymap(lambda x: max(laplace_mech(x, 1, 1), 0))
dp_vals = dp_ct.stack().reset_index().values.tolist()
probs = [p for _,_,p in dp_vals]
vals = [(a,b) for a,b,_ in dp_vals]
probs_norm = probs / np.sum(probs)
list(zip(vals, probs_norm))[0]
```

```
((17, 'Adm-clerical'), 0.0007685054706262081)
```

查看所得概率中的第一个元素, 我们发现有 0.07% 的机会生成表示 "17 岁文书工作者" 的数据行。现在, 我们已经准备好生成合成数据集了。首先生成 vals 列的取值索引表, 随后根据取值索引表生成 vals 的各个行。我们之所以这样实现, 是因为 np.random.choice 函数的第一个参数不能以元组列表作为输入。

```
indices = range(0, len(vals))
n = laplace_mech(len(adult), 1, 1.0)
gen_indices = np.random.choice(indices, int(n), p=probs_norm)
syn_data = [vals[i] for i in gen_indices]

syn_df = pd.DataFrame(syn_data, columns=['Age', 'Occupation'])
syn_df.head()
```

	Age	Occupation
0	36	Transport-moving
1	24	Machine-op-inspct
2	44	Sales
3	28	Sales
4	39	Adm-clerical

同时考虑两个数据列的缺点是问询的准确度会降低。如果我们进一步同时考虑更多的数据列，即构建 n 逐渐增加的 n 维边际，我们会看到和列联表相同的效果：每个计数值会变得更小，因此相对于噪声来说数据体现出的信号会变小，准确度因此降低。我们可以通过绘制新合成数据集的年龄直方图，从视觉上进一步观察出这一效果，见图 15-4。注意到，图像的形状基本正确，但与原始数据集或单独为年龄列加差分隐私的计数值相比，图像的平滑度变差了一些。

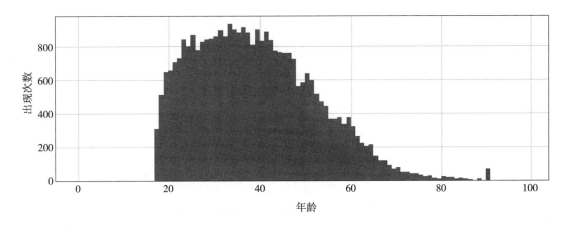

图 15-4

当我们只对年龄列进行问询时，会看到相同的准确度损失问题：

```
使用合成数据的误差率: 1.750682890489198
```

15.5　总结

- 数据集的合成表示可以回答有关原始数据集的问询。

- 一种常用的合成表示是直方图，可以通过在计数值上增加噪声来实现差分隐私。

- 将计数值视为概率后，可以根据直方图合成表示生成与原始数据集规模相同的合成数据集：将计数值归一化，使之求和等于 1，进而使用归一化计数值作为概率，依概率采样生成直方图各属性值的数据。

- 归一化直方图表示的是涵盖单数据列信息的单维边际分布。

- 单维边际无法涵盖数据列之间的相关性。

- 如果想生成包含多列数据的合成数据集，我们可以使用多个单维边际，也可以构造 $n>1$ 的 n 维边际。

- 随着 n 的增加，差分隐私 n 维边际的相对噪声会变大，因为更大的 n 意味着直方图各个计数值变得更小。

- 生成合成数据集的挑战在于：
  - 使用多个单维边际会丢失数据列之间的相关性。
  - 使用单个 n 维边际往往带来较低的准确度。

- 在很多情况下，很难生成准确度高，且可包含多数据列相关性的合成数据集。

参考文献

[1] Latanya Sweeney. Simple demographics often identify people uniquely. URL: https://dataprivacylab.org/projects/identifiability/.

[2] Latanya Sweeney. K-anonymity: a model for protecting privacy. *International Journal of Uncertainty, Fuzziness and Knowledge-Based Systems*, 10(05):557–570, 2002. URL: https://doi.org/10.1142/S0218488502001648, arXiv:https://doi.org/10.1142/S0218488502001648, doi:10.1142/S0218488502001648.

[3] Cynthia Dwork. Differential privacy. In *Proceedings of the 33rd International Conference on Automata, Languages and Programming - Volume Part II*, ICALP'06, 1–12. Berlin, Heidelberg, 2006. Springer-Verlag. URL: https://doi.org/10.1007/11787006_1, doi:10.1007/11787006_1.

[4] Cynthia Dwork, Frank McSherry, Kobbi Nissim, and Adam Smith. Calibrating noise to sensitivity in private data analysis. In *Proceedings of the Third Conference on Theory of Cryptography*, TCC'06, 265–284. Berlin, Heidelberg, 2006. Springer-Verlag. URL: https://doi.org/10.1007/11681878_14, doi:10.1007/11681878_14.

[5] Cynthia Dwork, Krishnaram Kenthapadi, Frank McSherry, Ilya Mironov, and Moni Naor. Our data, ourselves: privacy via distributed noise generation. In Serge Vaudenay, editor, *Advances in Cryptology - EUROCRYPT 2006*, 486–503. Berlin, Heidelberg, 2006. Springer Berlin Heidelberg.

[6] Frank D. McSherry. Privacy integrated queries: an extensible platform for privacy-preserving data analysis. In *Proceedings of the 2009 ACM SIGMOD International Conference on Management of Data*, SIGMOD '09, 19–30. New York, NY, USA, 2009. Association for Computing Machinery. URL: https://doi.org/10.1145/1559845.1559850, doi:10.1145/1559845.1559850.

[7] Cynthia Dwork, Guy N. Rothblum, and Salil Vadhan. Boosting and differential privacy. In *2010 IEEE 51st Annual Symposium on Foundations of Computer Science*, volume, 51–60. 2010. doi:10.1109/FOCS.2010.12.

[8] Kobbi Nissim, Sofya Raskhodnikova, and Adam Smith. Smooth sensitivity and sampling in private data analysis. In *Proceedings of the Thirty-Ninth Annual ACM Symposium on Theory of Computing*, STOC '07, 75–84. New York, NY, USA, 2007. Association for Computing Machinery. URL: https://doi.org/10.1145/1250790.1250803, doi:10.1145/1250790.1250803.

[9] Cynthia Dwork and Jing Lei. Differential privacy and robust statistics. In *Proceedings of the Forty-First Annual ACM Symposium on Theory of Computing*, STOC '09, 371–380. New York, NY, USA, 2009. Association for Computing Machinery. URL: https://doi.org/10.1145/1536414.1536466, doi:10.1145/1536414.1536466.

[10] Ilya Mironov. Renyi differential privacy. In *Computer Security Foundations Symposium (CSF), 2017 IEEE 30th*, 263–275. IEEE, 2017.

[11] Mark Bun and Thomas Steinke. Concentrated differential privacy: simplifications, extensions, and lower bounds. In

Theory of Cryptography Conference, 635–658. Springer, 2016.

[12] Frank McSherry and Kunal Talwar. Mechanism design via differential privacy. In *48th Annual IEEE Symposium on Foundations of Computer Science (FOCS'07)*, volume, 94–103. 2007. doi:10.1109/FOCS.2007.66.

[13] Cynthia Dwork, Aaron Roth, and others. The algorithmic foundations of differential privacy. *Foundations and Trends® in Theoretical Computer Science*, 9(3–4):211–407, 2014.

[14] Cynthia Dwork, Moni Naor, Omer Reingold, Guy N. Rothblum, and Salil Vadhan. On the complexity of differentially private data release: efficient algorithms and hardness results. In *Proceedings of the Forty-First Annual ACM Symposium on Theory of Computing*, STOC '09, 381–390. New York, NY, USA, 2009. Association for Computing Machinery. URL: https://doi.org/10.1145/1536414.1536467, doi:10.1145/1536414.1536467.

[15] Úlfar Erlingsson, Vasyl Pihur, and Aleksandra Korolova. Rappor: randomized aggregatable privacy-preserving ordinal response. In *Proceedings of the 2014 ACM SIGSAC Conference on Computer and Communications Security*, CCS '14, 1054–1067. New York, NY, USA, 2014. Association for Computing Machinery. URL: https://doi.org/10.1145/2660267.2660348, doi:10.1145/2660267.2660348.

[16] Stanley L. Warner. Randomized response: a survey technique for eliminating evasive answer bias. *Journal of the American Statistical Association*, 60(309):63–69, 1965. PMID: 12261830. URL: https://www.tandfonline.com/doi/abs/10.1080/01621459.1965.10480775, doi:10.1080/01621459.1965.10480775.

[17] Tianhao Wang, Jeremiah Blocki, Ninghui Li, and Somesh Jha. Locally differentially private protocols for frequency estimation. In *26th USENIX Security Symposium (USENIX Security 17)*, 729–745. Vancouver, BC, August 2017. USENIX Association. URL: https://www.usenix.org/conference/usenixsecurity17/technical-sessions/presentation/wang-tianhao.